纺织品图案与色彩设计研究

尚玉珍　著

中国纺织出版社有限公司

内 容 提 要

纺织品是日常生活中不可缺少的一部分，好的纺织品图案与色彩设计，可以美化我们的衣着和家居空间等，使纺织品在满足人们实用需求的同时，也能提供美的享受。本书针对纺织品设计中的核心要素——图案与色彩设计进行研究，主要介绍纺织品图案的基础知识、设计方法以及工艺表现，色彩的基本知识、色彩的心理感觉以及色彩设计，并且系统地阐述图案与色彩设计在服饰面料和家纺面料等领域的应用，以期为读者提供灵感来源。

本书可供纺织、服装和艺术设计相关专业的教师和学生阅读，也可供对纺织品设计感兴趣的人员参考阅读。

图书在版编目（CIP）数据

纺织品图案与色彩设计研究 / 尚玉珍著 . -- 北京：中国纺织出版社有限公司 , 2020.5（2023.8 重印）

ISBN 978-7-5180-6700-8

Ⅰ.①纺… Ⅱ.①尚… Ⅲ.①纺织品—色彩—图案设计—研究 Ⅳ.① TS194.1

中国版本图书馆 CIP 数据核字 (2019) 第 206762 号

责任编辑：沈靖　　责任校对：楼旭红　　责任印制：何建

中国纺织出版社有限公司出版发行
地址：北京市朝阳区百子湾东里 A407 号楼　邮政编码：100124
销售电话：010-67004422　传真：010-87155801
http://www.c-textilep.com
中国纺织出版社天猫旗舰店
官方微博 http://weibo.com/2119887771
北京虎彩文化传播有限公司印刷　各地新华书店经销
2020 年 5 月第 1 版　2023 年 8 月第 2 次印刷
开本：710×1000　1/16　印张：10.5
字数：163 千字　定价：52.00 元

前　言

我国的纺织业历史悠久，历经千百年的发展，如今发展得越来越完善，也孕育出深厚的文化底蕴。发展到今天，纺织品的产品属性也在发生变化，从最初强调单一的实用性转向融合功能、时尚以及健康等元素的综合性，呈现出更为丰富、多元化的特征。在纺织品的消费过程中，纺织品的色彩与图案作为第一视觉语言，已经成为影响消费者购买决定的主要因素。广大的纺织品制造企业已经意识到纺织品色彩与图案蕴藏的巨大商机和客观的经济价值，开始逐步加大纺织品的色彩与图案的开发研究。增强色彩与图案的自主创新设计，以发展和树立企业的品牌形象。在现代室内环境装饰和服装领域中，纺织品具有特殊的语言和魅力，通过纺织品的色彩、图案、肌理等要素对个性、格调、意境等起到美化作用，赋予纺织品生机和精神价值。

基于此，对纺织品设计中的图案与色彩的研究是十分有必要的，会为广大纺织品设计师从色彩与图案的视角提供新颖的创意设计，进而推动我国纺织品行业的发展。

本书一共五章，第一章对纺织品图案设计基础进行介绍，主要内容包括纺织品图案构成及其构成法则、纺织品图案的题材和风格、纺织品图案的表现技法和工艺表现。在此基础上，第二章对纺织品图案在服饰和家纺面料上的设计进行阐述，包括不同主题的服装设计、服饰图案的创新、家用纺织品图案的设计定位和构思、典型的家用纺织品图案设计。第三章对色彩的基本知识进行介绍。第四章对纺织品色彩设计与应用进行探讨，主要从四个方面展开，分别为纺织品色彩和面料的关系、色彩在色织物设计中的应用、色彩在室内装饰织物中的应用、色彩在服饰设计中的应用。第五章对纺织品图案与色彩的结合设计进行研究，包括服饰图案与色彩的设计应用、家用纺织品图案与色彩的设计应用。

在撰写本书的过程中，得到许多专家学者的帮助和指导，参考了大量的相关学术文献，在此表示真诚的感谢。本书内容系统全面，论述条理清晰、深入浅出，力求论述翔实。但是由于作者水平有限，书中难免会有疏漏之处，希望同行学者和广大读者予以批评指正。

作者

目　录

第一章 纺织品图案设计基础

本章以纺织品图案构成为基础，将分析纺织品图案的构成法则，并探讨纺织品图案的题材和风格、纺织品图案的表现技法以及工艺表现。

第一节 纺织品图案构成

纺织品图案的构成是指在纺织品图案设计中，按照构思的意图，在一定的规格范围内，将要素按一定的关系、形式进行编排、组合、安置和布局。

一、规格

图案制作的尺寸和范围，通常表现为长×宽的平面，这是由生产工艺设备规定的，涉及纺织品的幅宽或者成品款式。通常单独型的图案规格，如方巾、被面、壁挂、台毯、靠垫等具有框架作用，纹样就在框架尺寸内构图布局。连续型的图案没有明显的框架，而是以连续反复的规律来限定平面空间。连续图案的完整规格可视为给设计人员规定的空间平面。构图要素在这一平面空间内合理编排，同时需要考虑图案连续后的效果。

二、布局

布局主要是指要素占据平面空间的密度以及"花"与"地"的比例状态，也可认为是构图的基本样式。根据不同品种及图案风格的要求，可分为以下三类。

（一）满地布局

如图1-1-1所示。"花"占据规格空间的大部分，特点表现为花多地少，有时地色不明显，形成"花""地"交融的空间效果。该布局形式给作者的创作空间比较大，往往采用于装饰变化强或者抽象、多层次的效果图案配以一定色调变化和不同形式的对比，呈现多种风格、多种类型的布局变化。

图1-1-1　满地布局

（二）清地布局

如图1-1-2所示，图形占据空间比例不大，地纹面积比花纹面积多，空地较多。"花"占平面空间的三分之一以下，特点表现为花地关系明确，有清晰的底色。这类图案看似简单，实际上却有一定难度。注重图案章法，讲究姿态优美、自然得体、花叶相映、造型完整、穿插自如，特色表现为"花"清"地"明、布局明快。

图1-1-2　清地布局

（三）混地布局

如图1-1-3所示。"花""地"分别占平面空间的二分之一，面积一样，排列匀称，留有一定的地纹，不过总体效果还是以花纹为主，花地关系比较明确。

图1-1-3 混地布局

三、接版

接版是指连续型图案单元纹样间相连接的方法。四方连续是以一个循环单元的纹样，向上、下、左、右四个方向作无限制的反复延伸。这种连续状态，从视觉上、心理上给人一种匀称的韵律感及反复统一的美感。特别是由于反复连续，明显突出了节奏和律动感，所以连续的方法十分重要。接版方法有多种，这里仅对比较常用的接版方法进行介绍，具体如下。

（一）对接版（平接版）

如图1-1-4所示，单元纹样上与下、左与右相接，使整个单元纹样向水平和垂直方向反复延伸。

图1-1-4 对接版图

（二）二分之一接版（跳接版）

如图1-1-5所示，单元纹样在上下方向相接。而左接右时，先将左右分成上下相等的两部分，再使左上部纹样接于右下部，左下部纹样接于右上部纹样，形成单元纹样垂直方向延伸不变，而左右延伸向斜向延伸的状态，所以也叫作斜接版。

图1-1-5　1/2接版

将对接版和二分之一接版两种接版法放在一起对比可以发现，二分之一接版的风格更加自由活泼。对接版更加适合密集小花型纹样，而二分之一接版更加适合印花图案。

四、纺织品图案的排列

排列是指单元图案在平面空间内组织结构的基本骨架，如下列举了几种常用的排列。

（一）散点式排列

如图1-1-6所示，散点排列指的是在一个循环单位内，按对立统一的规则，自由地进行编排、组织和布局。这种排列特点表现为形象变化生动，有量的多少、大小、长短等不同，还有方向、姿态、方圆、轻重、色彩的变化，再加上组合的疏密和虚实等处理，呈现出来的图案自然生动、自由灵活、丰富多样。

图1-1-6　散点式排列

（二）几何形排列

如图1-1-7所示，以一个或者几个相同或不同的几何形作为一个循环单位，上下、左右连续的组织形式即为几何形排列。几何形排列的特点是连续性非常紧密且突出，形与形之间非常自然地形成一种网状的组织骨架，赋予图案以节奏感。几何形排列可直接表现为纺织品图案，还可以安置、嵌入几何形或者其他纹样；或者以色彩来填充形体不同部位使其富于变化。

图1-1-7　几何形排列

（三）穿枝连缀排列（连缀式排列）

如图1-1-8所示，以几何的曲线骨骼为基础，与散点的纹样密切结合的排列即为穿枝连缀排列，这种方法的艺术效果为静中有动、齐中有变、连绵不断、曲折回绕。

图1-1-8　穿枝连缀排列

（四）重叠型排列

重叠型排列是指两种不同类型的排列骨架的重叠组织。包括几何骨架排列上有散点排列组织与它相重叠，连缀式的排列骨架上又有散点排列相重叠等，以及它们本身组织相重叠等。如图1-1-9所示。重叠型排列具有层次丰富、耐人寻味、变化生动的特点，除此之外，还有一种类似音乐和声的美感。

图1-1-9　重叠型排列

（五）条纹式排列

如图1-1-10所示，条纹式排列富于变化，常见的有直纹、横纹、斜纹、波纹、宽窄交替等。这种条纹可形成规则的反复，赋予图案以节奏感。

图1-1-10　条纹式排列

（六）变格排列

如图1-1-11所示，变格是平中求奇的一种排列方法，虽然难度不低，但是如果处理得法，便可以得到很好的效果。

图1-1-11　变格排列

（七）嵌花排列

如图1-1-12所示，在一定的几何骨架内嵌入另一种形式的花纹图案，整体中展示出粗与细、曲与直的对比变化。

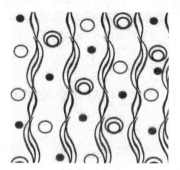

图1-1-12　嵌花排列

（八）渐变排列

如图1-1-13所示，渐变更多地用于几何图案的排列，由大到小，从密而疏，图案花纹过渡自然，使人们的视觉感受更加舒适。

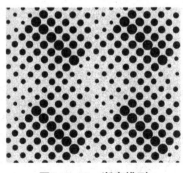

图1-1-13　渐变排列

（九）反地排列

如图1-1-14所示，通常纺织品图案的排列形式都是以正地形式出现。有些时候为了突出表现少地多色的效果，就会作花地互换处理，花即地，地则花，整体排列新颖巧妙。

图1-1-14　反地排列

第二节　纺织品图案的构成法则

纺织品图案构成的基本法则和基本规律是对立统一的。

一、对立

这里所说的对立是图案构成要素的对比、对照、比较、变化、矛盾、差别以及差异等不同的区别之意。图案要素有齐和乱、规则和不规则、聚和散、疏和密、清和满、前和后、图和地等关系的差别；色彩有色相、明度、冷暖、纯度、雅艳、强弱、轻重、浓淡，还有面积和位置等变化；技法有点、线、面的变化，笔法有快慢、燥润、刚柔、肌理效果的变化等形成多种对比。

在图案的构成要素中一定会有这些对立的矛盾，如果没有对立，那么图案则不生动，也就没有艺术的吸引力，图案显得非常平淡。可以说，图案设计有制造矛盾、差别、紧张以及艺术处理的职能。不过，一味地制造矛盾不一定就会产生好的效果，也会有适得其反的可能性，所以要妥善解决矛盾，方法之一就是图案的统一。

二、统一

这里所说的统一指的是要素的统一、相似，或有内在的联系，可以使图案表现出宁静状态。图案构成要素求统一，恰恰是对立因素中求相同、相似的性质。统一是相对的，需经过设计者有意识地寻求加工才能够得到。

三、对立统一

前面已经分别阐述了对立、统一，那么将二者结合来看，图案构成要素的和谐和协调，在质和意两方面都可以表现出一种有"秩序"的状态，这种状态既有对立存在，同时不允许对立造成呆板乏味的状态。纺织品图案的构图在对立统一规律的支配下，才能够获得协调美，形成一种充满生命力、和谐的局面。

（一）构图要素处理原则

1.组织

满而不塞，疏而不空，乱中见整，齐中有变，你中有我，我中有你，虚实相映，穿插自如。

2.形象

多少相同，大小相宜，气韵相通，姿态相依，主次分明，宾主呼应，层次丰富，疏密有序。

3.色彩

雅而不灰，艳而不俗，浓淡相宜，丰富多彩，协调丰满。

4.笔法

动静结合，方内见圆，圆内见方，刚柔并蓄，形神兼备。

要想使图案构图达到协调和谐的美感，取得对立统一效果，经常采用大调和小对比、整体协调局部对比的方法。

（二）对立统一规律下的纺织品图案构成形式

在对立统一法则的指导下，有多种构成形式原理应用于各类纺织品图案中，它们组成丰富多彩、各具个性的纺织品图案构图形式。

1.反复

如图1-2-1所示，这里所说的反复指的是要素在规格范围内的重复出现。反复是形成节奏、秩序、韵律、呼应的重要形式原理。视觉艺术魅力来源之一便是视觉要素的反复，视觉要素的反复，产生视觉运动的时间和空间的连续变化，这种变化会对人的心理产生直接影响，使人产生不同的感情。

图1-2-1　反复形式的图案

2.平衡

平衡就是指要素引起的心理量在空间上下或者左右等方面的相称，是纺织品图案设计中最为常见的构图法则。如图1-2-2所示，构图应用平衡原理，能够打破对称的单调和呆板感，不会产生重心不稳或不安定的心理感受，可以使图案富有生动、自由、活泼、多样、运动、变化的情趣美感。

图1-2-2　平衡图案

3.对称

这里所说的对称指的是要素的物理量（形的大小、多少、形状、色彩等）在空间的上下或者左右等方向的统一反复，是自然界的基本构成原理之一。如图1-2-3所示，对称往往用于装饰面料、独幅面料以及服装面料的设计当中。

图1-2-3　对称图案

4.秩序

这里所说的秩序指的是要素的变化规律，如图1-2-4所示，表现在顺序、条理、渐进等方面，通常采用渐变和推移等形式表现。可认为要素的变化是按照一定的比例、顺序进行的，也可以是定向的或不定向的，或者可以明显或隐藏于要素的复杂关系中。

图1-2-4　具有秩序的图案

5.重点

这里所说的重点指的是要素中引人注目的视觉中心。如图1-2-5所示，重点通常是图案要素中的主角,是图案的重心及主题,或者是感情表达的中心。在一般图案中,宾主关系、主次关系以及衬托手段等,均为重点而设置。

图1-2-5 突出重点的图案

6.节奏

如图1-2-6所示。要素的连续反复产生节奏,反复产生的视觉运动形成韵律感。不同节奏和韵律,会产生不同的感情效果。

图1-2-6 具有节奏的图案

7.比例

这里所说的比例指的是要素之间的分配比较。要素量的比例是纺织品图案重要的艺术语言,比例良好的图案会给人以美的享受,如图1-2-7所示。

图1-2-7 比例良好的图案

8.呼应

这里所说的呼应指的是构图中要素的反复，使其中要素不孤立，避免要素给人格格不入的感觉，而是让要素有依靠、有对照，形成呼应，产生一种时空的和谐美，如图1-2-8所示。

图1-2-8　产生呼应的图案

9.单纯化

单纯化符合现代人的审美习惯，作为构成原理之一在现代纺织品图案设计中非常重要，如图1-2-9所示。

图1-2-9　单纯化的图案

10.点缀

点缀是强化图案艺术效果的重要补充手段。必须按照补充、强化的法则进行，起到丰富原有图案构图的作用。点缀不能泛用，原因在于泛用起不到使图案增色的作用，反而画蛇添足，如图1-2-10所示。

图1-2-10　点缀形式的图案

第三节 纺织品图案的题材和风格

一、纺织品图案的题材

纺织品图案的题材包罗万象，包括人物、动物、植物、风景、几何形、器物、肌理、文字等。

（一）人物题材

纺织品图案中的人物题材装饰通常有两种形式：一种是在服装面料上比较多见的，直接将人物头像或者全身动态图使用不同工艺装饰在面料上；另一种是采用夸张、简化、添加以及分解重构等手法将人物形象进行变形处理。

（二）动物题材

动物题材在纺织品上的应用也比较常见，不过并不是非常广泛，原因在于人们具有视觉习惯，使得动物题材的图案方向性比较强，并且不适合随意分解组合，所以在构图及布局的时候会受到限制。动物题材包括五颜六色的海洋生物及飞禽走兽等。动物纹在古代织物上应用得比较多，这是由于人们认为很多动物具有吉祥寓意。很多传统动物纹样也一直沿用至今，如鸳鸯、龙、凤、鱼、喜鹊等，尤其在婚庆纺织品中可以经常看到。此外，动物毛皮纹也属于此类题材，如豹纹、虎皮纹、斑马纹、蛇皮纹以及鳄鱼纹等，这是由于不少动物都带有造型丰富多样的美丽斑纹，在服装、鞋帽、手袋上运用这种肌理可以体现出独特的野性艺术魅力，备受人们的青睐。

（三）植物题材

植物题材在纺织品图案中是最常见、应用最广的题材。在服饰面料和家纺面料上经常可以看到造型优美的植物，它们装饰形态和形式都非常丰富，有的写实、有的变形、有的呈立体化，生动有趣。图1-3-1所示的图案以栀子花为题材，用果子加以点缀，使图案清新自然，仿佛飘来阵阵清香。图1-3-2所示为印有该图案的面料制作而成的靠垫，营造出自然舒适的家居空间。

图1-3-1 栀子花题材　　　　　　图1-3-2 栀子花图案靠垫

（四）风景题材

自然风景是最为丰富多彩的。一年四季，春天百花争艳，万紫千红；夏天阳光明媚，绿树成荫；秋天叠翠流金，硕果累累；冬天银装素裹，粉妆玉砌。还有那广阔的江河湖海、秀美的群山峻岭、微妙的矿物世界、璀璨的广袤夜空等，均可作为纺织品图案的创作灵感来源。

（五）几何形题材

几何形同样是纺织图案的常用题材，基本元素是点、线、面的有机结合，其应用的广泛程度仅次于植物题材。几何形具有简洁、大方、现代、时尚的特点，备受消费者的青睐。最常见的几何形图案为格子纹及条纹，规则的几何纹给人以整体的平稳感，还可通过其粗细、大小、曲直、疏密、宽窄、长短、轻重以及虚实的变化形成不规则的几何纹，进而增加图案的灵活性和动感，也可用几何形与其他元素相结合构成图案，装饰在服装或家纺上，富有节奏感和韵律感。

（六）器物题材

器物题材也是应用比较普遍的一种题材，包括飞机、汽车、摩托车、自行车以及轮船等各种交通工具。另外，因孩子喜欢这些交通工具玩具模型，因而在男孩童装及儿童床品上也常常使用，并运用卡通造型；此外，器物题材还包括日常生活用具，如餐具、茶具等；还有各类专业用品，如乐器、体育用品、美术用品以及文具等。这些均可通过写实或者变形的形式应用在纺织面料上。

（七）肌理图案

肌理图案这种装饰形式比较抽象，如石之纹、水之波、木之理、云之状等，将这些自然肌理运用在纺织品上可以给人返璞归真、回归自然的感觉。肌理图案在制作的时候很难一次性取得成功，而且每次的效果不可能完全相同，需反复尝试，直到效果满意为止。因而，肌理图案的主要特点表现为不可重复性、偶然性以及独特性。面料再造还可以创造出视觉新奇、触觉明显的肌理装饰效果。

（八）文字题材

这里所说的文字不仅包括汉字，还包括其他外来文字，在服装、鞋帽、包、领带、围巾、沙发布艺、抱枕以及床上用品等上面都可以经常看到。因为文字的字形和字体非常丰富，因而它可以是纯文字装饰，也可以和其他题材相结合起到美化织物的作用。

二、纺织品图案的风格

（一）古典风格

古典风格图案指的是运用古典艺术特征所设计的图案。图案源于古典主义，以古希腊、古罗马为典范的艺术样式，从18世纪末开始一直影响至今。古典风格的图案注重表现经典格式（图1-3-3），造型完美且色调沉稳，艺术特征表现为理性而严谨、富丽而精致、内敛而适度、平衡而内在等。这种风格的图案代表了一种文明，文化意蕴深厚。题材包括动植物、人物等传统纹样，主要表现手段为织造、印花、刺绣、蕾丝等工艺。

图1-3-3　古典风格

（二）田园风格

田园风格贴近自然、向往自然，主张回归自然，认为只有崇尚自然、结合自然，才能够在当今高科技、快节奏的社会生活中取得平衡。所以，田园风格力求表现悠闲、舒畅以及自然的田园生活情趣。田园风格的特点主要表现为朴实、亲切、实在。它没有烦琐的装饰，摒弃了经典的艺术传统，追求田园自然清新的气象，力求表现纯净自然的朴素。特征表现为明快清新具有乡土风味，轻松恬淡、超凡脱俗。18世纪，田园风格图案在欧美已经具有一定的规模，主要有英式田园风格、法式田园风格以及美式田园风格等。

田园风格图案设计的灵感来自大自然，图案的材料基本都是粗棉布、灯芯绒、牛仔布等棉、麻、毛天然织物，工艺主要采用印花、织花、拼接、刺绣，使用褶皱、荷叶边、缎带等加以装饰，特征表现为清新质朴、温馨甜美、自然随意、平和内敛、宁静和谐，在自然和略带怀旧中追求浪漫的理想情愫，广泛应用在服饰和室内纺织品等设计中。

典型的田园风格图案主要包括方格纹、色织条纹、小碎花纹以及花束纹等。如图1-3-4所示的小碎花为田园风格中具有代表性的一种图案，这种面料和褶皱花边相结合制作而成的床上用品使得房间有一股清新的田园气息。

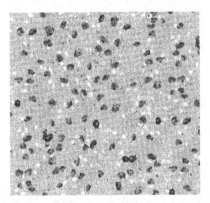

图1-3-4　田园风格

（三）民族风格

民族风格图案是指运用传统民族艺术特征来设计的图案。全世界有两千多个民族，图案能够反映各民族的历史、文化和审美特性，成为不同民族特有的标志。具有代表性的民族风格图案如中国传统蓝印花布、日本的友禅纹样以及印尼的爪哇蜡染纹样等。

民族风格图案在很多传统服饰和家纺设计中很常见，其造型丰富多样，涉及写实花卉、抽象几何纹等。图案被赋予寓意和象征性，色彩浓郁对比鲜明，特点表现为质朴、热烈、健康以及怀旧而神秘。采用印花、手绘、扎染、蜡染、刺绣、编结、梭织等手工艺表现形式，使图案风格符合现代都市人追求个性与浪漫的需要。

（四）现代风格

现代风格图案指的是受现代主义风格影响的染织图案样式。图案源自20世纪西方的"现代主义"，它重点表现对现实的真实感受。图案以意象或者抽象的曲直线组合造型构成。造型夸张变形，色彩浓重艳丽或者黑白极色对比，强调形式和技法的表现。特征表现为时尚而前卫、简洁而对比、数理而节奏等，在各种时尚或休闲的服饰与家纺设计中经常可以看到。如图1-3-5所示图案采用了简约时尚的几何图案进行装饰，形式感和韵律感极强。

图1-3-5 现代风格

第四节 纺织品图案的表现技法和工艺表现

一、纺织品图案的表现技法

纺织品图案设计中，为了达到预期的某种艺术效果，设计者通常会采用不同的绘画手法或者使用不同的工具材料来绘制，这些具体的绘制方法即为纺织品图案的表现技法，可以分成两类：常用技法和特种技法。

（一）纺织品图案设计的常用技法

众所周知，点、线、面是图案造型的基本视觉要素，同时也是设计者在设计图案时最为常用的表现手法。点、线、面的巧妙运用，能够使纺织品图案具有令人惊喜的视觉效果。

1.点绘表现法

点有轻重、大小、疏密、方圆、规则和不规则之分，充分利用不同点的特征，能够表现出图案形象的体积感和光影效果（图1-4-1）。与其他技法相比，点绘表现法更容易控制和把握，初学者可从点绘表现技法开始入手。点绘过程中，不宜点得过多，特别是亮部尤其需要谨慎处理，否则物体的体积感和光感难以表现出来。

图1-4-1　点绘技法

2.线绘表现法

线有曲直、长短、粗细、疏密之分，线绘表现法是图案设计中最富表达力的一种表现技法（图1-4-2）。不同的绘画工具，因用笔的轻重缓急、正侧顺逆、含颜料的多少等变化，能够绘制出不同特征的线条。纺织品图案中常见的用线主要体现在三方面：①以线造型，或豪放似国画中的意笔，或精致似国画中的工笔；②借线塑形，最为常见的是撇丝，也就是使用一组组密集的线条来塑形，不仅能够均匀排列而且能够重叠排列；③用线包边，即勾边，如果勾边虚实把握得体，能够很好地表现图案形象的结构及体积感，还能有效调整图案的层次感及整体感，也能使用恰当的色线使整幅图案的色彩达到和谐统一的效果。如果图案色彩对比过强或者太弱，便可以采用勾边的方法来缓解或者加强对比，使画面色彩鲜明。

图1-4-2 线绘技法

3.面绘表现法

面绘是纺织品图案中最基本的一种造型技法，其表现形式主要有以下几种。

（1）平涂面。平涂面是指平涂色彩形成块面，均匀无浓淡变化，给人一种单纯、简洁的剪影效果，这种方法应当着重注意纹样外形的准确性及生动性（图1-4-3）。

图1-4-3 面绘技法平涂面

（2）虚实面。相比于平涂面，虚实面有轻重、浓淡的变化，从而形成虚实对比。通常可以采用晕染、枯笔、泥点和撇丝等手法形成块面。图1-4-4中使用平行线、交叉线、垂直线、圈、点等形式构成各种虚面，与平涂色彩的实面形成对比，使画面层次更加丰富和细腻。

图1-4-4　面绘技法虚实面

（3）装饰面。装饰面指的是在一定的外形里加入各种小的装饰纹理，形成面的效果，远看整体统一，近看精致丰富，趣味性十足。

4.点、线、面综合应用法

其实在设计图案的时候单独使用某种技法的情况是比较少的，通常都是多种技法的融合。在点、线、面的综合运用中，可以以一种手法为主，其他两种与其有机结合形成对比鲜明、层次感强的装饰效果。如图1-4-5所示是以面为主，并添加了点和线的装饰。

图1-4-5　点、线、面综合应用

（二）纺织品图案设计的特种技法

若要使纺织品图案产生特殊的效果，就需要使用一些特种技法，具体如下。

1.晕染法

晕染法是工笔花鸟中最为基本的一种技法，操作的时候通常使用两支毛笔，一支染色笔、一支清水笔，先用染色笔从画面上最深的地方开始着色，再用清水笔接着晕染，让颜色从深到浅自然过渡。不要急于求成，要用淡色多染几遍，一遍干后再染下一遍，这样晕染出来后才不会在纸面上留下笔痕，达到色彩均匀。

2.展开法

展开法是把较薄的纸张揉皱，然后展开绘制，可以借助皱折用干一点的颜料制作出特殊肌理，还可以绘制出装饰图案，使皱折和图案融为一体，形成美妙的艺术效果。

3.绘写法

绘写与写生类似，就是用各种绘画工具直接描绘，色彩不受约束，画法自由，可工可泼，可粗可细，可刚可柔，可收可放，表现力非常强，画面效果丰富多彩。

4.推移法

推移法源于色彩构成，是将色彩按一定的规律有秩序地排列组合的艺术形式。推移有多种：①色彩按照色环顺时针或者逆时针方向逐渐变化叫作色相推移；②色彩从深到浅或者从浅到深有秩序的变化叫作明度推移；③色彩从艳到灰或者从灰到艳逐渐变化叫作纯度推移；④色彩从冷到暖或者从暖到冷逐渐变化叫作冷暖推移。

5.拓印法

拓印法就是使用自然物表面凹凸不平的肌理感，沾上颜料拓印在纸面上的方法。还可以把纸面平铺在物体表面，用画笔将物体上的肌理拓印下来。采用这种技法创造出来的图案效果所花费的时间和精力都比较少，效果自然生动，再与其他元素完美结合，就可以使画面的虚实感和层次感更丰富。

6.刻画法

刻画法是在已上好较厚颜色的画纸上用尖锐的物体用力刻画，能够获得类似铜版画的艺术效果。刻画的时候可精美细致，也可粗犷豪放。而且画纸上可多次多层涂上不同的色彩，再使用不同的力度进行刻画，随刻画深浅的不同，可能产生多彩的效果。

7.喷洒法

将颜料调制为适当浓度，在纸面上根据预期效果进行喷绘或者泼洒。这两种方法出来的效果完全不一样。喷绘可使用喷枪、喷壶或者牙刷等工具，特点表现为细腻、精致、柔和。喷绘过程中若有局部不需要这一效果，可用纸剪出不需要进行喷绘的外形，再遮盖在上面然后进行喷绘；泼洒因其挥洒自如、一气呵成，所以会产生自由、豪放、潇洒的磅礴气势。

8.烙烫法

该方法就是使用电烙铁将复印好的图案烙在画纸上的方法。复印图案的题材可以是植物、动物、建筑、风景类的照片，还可以是古典图案、传统图案等。因电烙铁温度高，故应当把图案复印在耐高温的硫酸纸上，同时图案要反向复印，这样烙上去的图案才是正的。

9.烟熏法

将纸张放在烟上熏炙，形成自然流动、富有变化的边缘以及色泽变化至偶尔熏焦的形态，都可以给人带来某些意想不到的效果。

10.渍染法

渍染与平涂上色不同，它是利用液体颜料的堆积和渗透，在纸面上形成随机斑渍及浸染的效果，这些效果变化微妙、具有偶然性，给人一种随性放松的感觉。

11.防染法

防染技法中包括扎染和蜡染。

（1）扎染。扎染是根据装饰需要，使用针、线对纺织品进行扎、缚、缀、缝，使之具有防染性阻止染料的渗透，在染缸中染完色之后，拆除线结，能够获得漂亮的扎染图案。如果使用不同颜色依次进行重复染色，图案就会更加色彩斑斓、复杂多变。

（2）蜡染。蜡染是我国古老的少数民族民间传统纺织印染手工艺。它以具有抗染性的蜡作为介质，首先在画面上将融化了的蜡涂在无须染色的区域，然后进行染色、去蜡，从而达到地、纹分离的艺术效果。若在图案的不同部位多次上蜡、染色，就可以得到非常复杂又色彩丰富的装饰图案。蜡染的最终图案的偶然性也极强。蜡染中最具有特点的纹理为龟裂纹（冰纹），它是在制作过程中，防染剂通过自然龟裂或者人工龟裂后染色而成，蜡染图案丰富、色调素雅、风格独特，往往用于制作服饰及各种家纺用品，产品朴实大方、清新悦目，民族特色浓厚。

12.拼贴法

拼贴法即把不同效果的图片或者实物按一定的形式美法则并置在一起，艺术特点独特。比如，备受人们青睐的拼布艺术，人们一边将一块块布拼接起来做成实用品或艺术品，一边享受着手工拼布的乐趣。零钱包、钥匙包、背包、坐垫、地毯、床品等，都可以采用拼布手法，制作出流行的漂亮的纺织品。

13.浮彩吸附法

将墨水或者颜料滴入水中，可以看到它们在溶解化开的瞬间会形成一种美妙的肌理，这种肌理流动多变、连绵不断、浓淡微妙、虚实对照。浮彩吸附法就是用吸水性比较强的纸平铺在水面上，把这瞬间形成的自然肌理吸附定形在纸面上。这种技法实际操作并不简单，需要反复尝试才能获得理想的效果。

14.刮绘法

刮绘法是用刮刀或者其他硬物沾色刮绘于纸面，因为刮绘时颜色和层次的叠加，可产生自然多彩、刚劲有力的视觉效果。

15.枯笔法

枯笔法指的是画笔上沾少许颜料，在纸面上快速运笔出现飞白的效果。另外，若笔上含色饱满，在粗纹纸上快画，同样会产生飞白，这种效果适合表现树干、水波以及斑迹等，体现物体的光感、质感以及力量感。

16.计算机绘制法

计算机绘制法即借助一些平面设计软件来进行图案设计，如Photoshop、CorelDraw、Illustrator等，可使用一个软件或几个软件结合起来使用。计算机绘制法相比于手绘的优点是快捷、方便。特别是在图案设计好后，若不满意色彩搭配，计算机换颜色非常省时省力；而手绘想换颜色则需重新涂色甚至重新起稿换色。不过，计算机绘制也有缺点，它没有手绘那么灵活多变，手绘中很多微妙的表现和一些特殊效果，计算机是难以达到的。

二、纺织品图案的工艺表现

生产加工方式不同，所得到的织物的装饰效果也不同。常见的工艺类型有印花、织花、刺绣以及手工染织等。

（一）印花工艺

印花工艺是用染料或者颜料在织物上施印装饰花纹的工艺过程。印花分为织物印花、毛条印花以及纱线印花。其中，织物印花历史悠久，中国在战国时就已经开始应用镂空版印花；印度在公元前4世纪有了木模版印花；18世纪开始出现连续的凹纹滚筒印花；20世纪60年代金属无缝圆网印花开始应用，为实现连续生产提供了条件，其效率比平网印花高；20世纪60年代后期出现了转移印花，利用分散染料的升华特性，通过加热将纸上的染料转移到涤纶等合成纤维织物上，可印得精细花纹；20世纪70年代研究出了用电子计算机程序控制的喷液印花方法，由很多组合的喷射口间歇地喷出各色染液，形成彩色图案；20世纪90年代，开始普及计算机技术，1995年出现了按需喷墨式数码喷射印花机。数码印花的出现和完善，给纺织印染行业带来了全新的概念，其先进的生产原理和手段，给纺织印染带来了巨大的发展机遇。

1.印花的种类

根据生产设备的不同，织物印花可分为以下几种类型。

（1）平网印花。平网印花模具是固定在方形架上并且具有镂空花纹的涤纶或者锦纶筛网。花版上花纹处可透过色浆，无花纹处则以高分子膜封闭网眼。印花时，花版紧压织物，花版上覆色浆，用刮刀反复刮压，使色浆透过花纹达到织物表面。平网印花包括三种：手工台板式、半自动平板以及全自动平板，平网印花效益并不高，但其制版方便，花回长度大，套色多，可以印制精细的花纹，而且不传色，印浆量多，并且有立体感，适合丝、棉以及化纤等机织物和针织物印花，还适合一些小批量多品种的高档织物的印花。

（2）滚筒印花。滚筒印花（或铜辊印花）是用刻有凹形花纹的铜制滚筒在织物上印花的一种工艺方法。刻花的滚筒叫作花筒。印花时先使花筒表面沾上色浆，然后用锋利而平整的刮刀刮除花筒未刻花部分的表面色浆，使凹形花纹内留有色浆。当花筒压印于织物时，色浆即转移到织物上而印出花纹。每只花筒印一种色浆，如果在印花设备上同时装有多只花筒，就能连续印制彩色图案。

滚筒印花是一种每小时能生产超过6000码（1码=0.9144m）印花织物的高速工艺。其铜滚筒上可以雕刻紧密排列的精致细纹，所以滚筒印花可以印出非常细致、柔和的图案。花筒雕刻应当和图案设计者的图稿完全一致，每一种颜色均需一只滚筒。这种印花方式若批量不够就不经济，原因在于滚筒制备和设备调整的成本高而且耗时长。因而，在设计这类图案的时候往往会受套色限制。

（3）圆网印花。圆网印花即滚筒式筛网印花，是在无接缝圆筒形镍网上，通过感光水洗工艺封闭花纹以外的网孔，色彩透过网孔沾印到织物上的一种印花方法。其印花模具是具有镂空花纹的网筒状镍皮筛网，按照一定顺序安装在循环运行的橡胶导带上方，并可以和导带同步转动。印花的时候，色浆输入网内，储留在网底，筛网随导带转动的时候，紧压在网底的刮刀与花网发生相对刮压，色浆透过网上花纹到达织物表面。

圆网印花属于连续加工，生产效益比较高，通常可印制6~20种颜色的花纹，除卧式排列外，还有立式、放射式、双面印花等。不过，圆网印花在花纹精细度和印花色泽浓艳度上有局限性。

（4）转移印花。转移印花是先用印刷方法把颜料印在纸上，制成转移印花纸，然后通过热压等方式，使花纹转移到织物上的印花方法。转移印花通常用于化纤针织品和服装的印花。

相比于其他印花工艺，转移印花有很多优势。比如，不用水，无污染；工艺流程短，印后就是成品，无须蒸化、水洗等后续处理过程；印花色彩鲜艳，在升华过程中，染料中的焦油被残留在转移纸上，不会污染织物；花纹精致，层次丰富且清晰，艺术性高，立体感强，并且可以印制摄影和绘画风格的图案；正品率高，转移的时候能一次印制多套色花纹而无须对花；客户选中花型后可以在较短的时间内印制出来，灵活性强。

（5）数码喷射印花。数码喷射印花是采用数码技术进行绘制的印花，数码印花技术是随着计算机技术不断发展而形成的一种集精密机械加工技术、CAD技术、网络通信技术、精细化工技术为一体的前沿科技，是信息技术与机械、纺织和化工等传统技术融合的产物。

数码喷射印花的流程为：先把花样图案通过数字形式输入计算机，利用计算机印花分色描稿系统（CAD）编辑处理，然后由计算机控制微压电式喷墨嘴把专用染料直接喷射到纺织面料上，便形成所需图案。

数码印花技术的推广应用，将对我国纺织业的发展产生重大影响，相比于传统印花工艺，数码印花技术的优势体现在以下几个方面。

①设计样稿可以在计算机上任意修改，可充分体现出设计师的设计理念和审美观念。若设计师不满意打样的效果，可马上在计算机里进行重新

修改，直到达到效果满意为止。此方法在制作上灵活性较高，市场应变能力比较强，这是传统印花无法做到的。

②印花全过程实现数字化，使印花产品的设计、生产不仅可以快速反应其订单需求，而且随机性非常大，可以根据需要进行柔性化生产，真正做到立等可取，令客户满意而归。采用传统印花则需进行分色、制网、配色、调浆、印花以及后续处理等多道工序，费时且成本高。

③因数码印花机的印花精度高，任何花型和套色，都可直接印花方法完成。确保了鲜艳的色泽和牢度，同时避免了传统"雕印"中大量还原剂的污染与染料的浪费。

④数码印花技术是通过数码控制的喷嘴，在需染料的部位，按照需要喷射相应的染液微点，很多微小的点速成所需花型，达到视觉上色彩连贯一致、花型逼真的效果。而传统印花对色彩的饱和度及层次的鲜明性表现较差。

⑤数码印花小批量生产印制的成本较传统印花低。这就为适应多品种、小批量的市场打下良好的基础。

⑥数码印花生产过程中，由计算机自动记忆各色数据，批量生产中，颜色数据不变，可保证小样与大样基本一致。

⑦喷印过程中不用水，不用调制色浆，不存在花费大量染液色浆，噪声小。而传统印花技术对水的需求量很大，产生的废液、废水、废浆会在很大程度上污染环境。

⑧数码印花过程中所需要的数据资料和工艺方案，都储存在计算机里，能够保证印花的重现性。而在传统的圆网印花生产中，档案的保存问题比较棘手。花稿的储存、圆网的储存要占用非常大的空间，费时费力，且保存的效果不是很好。

2.印花工艺

印花织物富有艺术性，根据设计的花纹图案选用相应的印花工艺，从生产工艺的角度来看，织物印花可分为三种类型，具体如下。

（1）直接印花。直接印花是一种将各种颜色的花形图案直接印制在织物上的方法，应用广泛（图1-4-6）。在印制的过程当中，各种颜色的色浆不发生破坏作用。这种方法可以印制白地花及满地花图案。根据图案要求不同，还可以分为三种：白地、满地以及色地，其中白地印花花纹面积小，白地部分面积大；满地印花花纹面积大，织物大部分面积都印有花纹；色地的直接印花指的是先染好地色，再印上花纹。不过因为叠色缘故，所以通常都采用同类色、类似色或者浅地深花，否则叠色处花色萎暗。

图1-4-6　直接印花

（2）拔染印花。这种方法是在已经染过色的织物上，以破坏织物上印花部分的地色，而获得各种图案。拔染剂指的是可以使底色染料消色的化学品。拔染浆中还可以加入对化学品有抵抗力的染料，因而拔染印花会获得两种效果：拔白和色拔。用拔染剂印在底色织物上，得到白色花纹的拔染为拔白；用拔染剂和能耐拔染剂的染料印在底色织物上，得到有色花纹的拔染为色拔。拔染印花产品的特点为地色匀净、轮廓清晰、花型细致、浓艳饱满。

（3）防染印花。这种方法是在织物上先印上防止地色染色或显色的防染剂，再用其他色浆进行印染而得到花纹的印花工艺过程。印花色浆中防止染色作用的物质称为防染剂。用含有防染剂的印花浆印得白色花纹，叫作防白印花；在防染印花浆中加入不受防染剂影响的染料或颜料印得彩色花纹，叫作色防印花。

（二）织花图案

织花是以经纬线的浮沉来表现各种装饰形象，且以纤维的性能、纱织的形态、织物的组织变化显示出各种材料的质地、光泽、纹理等丰富的装饰效果。织花分为两种：经起花与纬起花。

1.蜀锦

蜀锦兴于春秋战国而盛于汉唐，至今有两千多年的历史，在中国传统丝织工艺锦缎的生产中，历史悠久，影响深远，2006年蜀锦织造技艺经国务院批准列入第一批国家级非物质文化遗产名录。蜀锦多用染色的熟丝线织成，用经线起花，运用彩条起花或者用彩条添花，用几何图案组织与纹饰相结合的方法织成。

蜀锦大多以经线彩色起彩，彩条添花，经纬起花，先彩条后锦群，方形、条形、几何骨架添花，四方连续，纹样对称，色调鲜明对比，是一种具有汉民族特色和地方风格的多彩织锦。

2.云锦

南京云锦是中国传统的丝制工艺品，被称为"寸锦寸金"，云锦的用料考究，织造精细、图案精美、锦纹绚丽、格调高雅，继承了历代织锦的优秀传统，同时融合了其他各种丝织工艺的宝贵经验，代表了中国丝织工艺的成就，浓缩了中国丝织技艺的精华，是中国丝绸文化的璀璨结晶。在古代丝织物中的"锦"是代表最高技术水平的织物，而南京云锦则集历代织锦工艺艺术之大成，位于中国古代三大名锦之首，于2006年列入第一批国家级非物质文化遗产名录，2009年9月成功入选联合国人类非物质文化遗产代表作名录。

云锦的品种有多种，大致可分为妆花、织金、库缎、库锦四类。妆花是云锦中织造工艺最为复杂的品种，同时也是最具南京地方特色的提花丝织品种，图案布局严谨庄重，纹样造型简练概括，往往为大型饱满花纹作四方连续排列，也有彻幅通匹为一单独、适合纹样的大型妆花织物。其特点表现为用色多，色彩变化丰富，用色浓艳对比强烈，常以金线勾边或金银线装饰花纹，经白色相间或色晕过渡，以纬管小梭挖花装彩，织品典丽浑厚，金彩辉映。织金是织料上的花纹全部用金线织出；也有花纹全部用银线织的，叫库银。库金、库银属于同一品种，统称为织金。库缎包括起本色花库缎、地花两色库缎、妆金库缎、金银点库缎以及妆彩库缎。库缎的花纹有明花和暗花两种，明花浮于表面，暗花平板不起花。库锦是在缎地上以金线或银线织出各式花纹丝织品，有二色金库锦和彩花库锦两种，多织小花。前者是金银线并用；后者除用金银线外还夹以二至三色彩绒并织，固定用四五个颜色装饰全部花纹，织造时纬线采用通梭织彩技法，显花的部位，彩纬呈现在织料的正面，不显花的部位，彩纬织进织料的背面。

3.宋锦

宋锦起源于宋代，主要产地在苏州，宋高宗为了满足当时宫廷服饰及书画装裱大力推广宋锦，并专门在苏州设立了宋锦织造署。宋锦2006年被列入第一批国家级非物质文化遗产名录，2009年9月联合国教科文组织又将宋锦列入世界非物质文化遗产。苏州宋锦色泽华丽，图案精致，质地坚柔。

宋锦的制作工艺复杂，主要特征表现为经线和纬线同时显花。染色需要用纯天然的染料，先将丝根据花纹图案的需要染好颜色才能进入织造工序。染料挑选非常严格，大多是草木染，也有一些矿物染料，都采用手工染色而成。宋锦图案通常选用几何纹为骨架，如八达晕、连环、飞字、龟背等，内填以花卉、瑞草、八宝、八仙、八吉祥等。在色彩应用方面，多用调和色，很少用对比色。宋锦织造工艺独特，经丝有两重，分为面经和底经。宋锦图案精美、色彩典雅、平整挺括、古色古香。

4.民族民间织花代表

（1）土家织锦。土家织锦是武陵山区土家族人的西兰卡普，民间将其叫作"打花"，传统织锦多作铺盖用，也可以用于服饰、家用纺织品。这要求对样式花纹及色彩勾勒有纯熟的技艺才能够织好。这种织法织出来的产品美观整齐、结实耐用。其画面多姿多彩，用色常借鉴艳丽的鲜花、鸳鸯的羽毛、天空的晚霞，色彩秀丽，自然生动。在纹样组织结构上，多以菱形结构、斜线条为主体，注重几何对称，反复连续。

（2）黎族织锦。黎族织锦产于海南岛的黎族居住区，历史悠久。黎锦通常用于妇女筒裙、摇兜等生活用品，还有用于上衣、裤料、被单、头巾、腰带、挂包、披肩、鞋帽等。黎锦的图案有百余种，大致可以分为人形纹、动物纹、植物纹、几何纹、体现日常生活生产用具、自然界现象以及汉字符号等纹样。其中人形纹主要有舞蹈图、婚礼图、青春幸福图、丰收欢乐图、百人图、放牧图、吉祥平安图等，它寄寓了人们对生育繁衍、人丁兴旺、子孙满堂以及追求美好生活的愿望。在色彩方面，黎族织锦善于运用明暗间色，青、红、黑、白等色相互配合，形成色彩对比强烈的艺术效果。

（3）傣族织锦。傣族织锦是在傣族民间广为流传的一种古老的手工纺织工艺品，地方特色浓郁，主要产于傣族世居的云南德宏、西双版纳、耿马、孟连等地的河谷平坝地区以及景谷、景东、元江、金平等县和金沙江流域一带。傣锦织幅通常是33cm，长50cm左右，多用作筒帕、被面、床单、妇女筒裙、结婚礼服和顶头帕等，也可用作工艺美术装饰织物。傣锦织工精巧，图案别致，色彩艳丽，坚牢耐用。它的图案有珍禽异兽、奇花异草以及几何图案等。除此之外，还有一些不起眼的小昆虫，经简化或者夸张变形等处理，抽象为几何纹样，用"人化"了的自然，增加装饰性，比其自身会更显美观。

（4）苗族织锦。苗族织锦是苗族人民传统生活用品、工艺美术品。苗锦原料通常采用彩色经纬丝，基本组织为人字斜纹、菱形斜纹或复合斜纹，多用小型几何纹样，可用来镶嵌苗族服装衣领、衣袖或者其他装饰。

苗锦制作起来比较费时，但是纹样色彩优美，民族风格浓郁。

（5）侗族织锦。侗族织锦是侗族人民在长期的生产与社会生活中，广泛传承下来的一种具有实用价值和欣赏价值的民间工艺品。侗锦以湖南通道、贵州黎平以及广西三江所产的最有名，这三地的侗锦做工精细，采用对比强烈的色泽，配上丰富多彩的各种图案，有着浓艳粗犷的艺术风格。图案丰富，如花桥、鼓楼、月亮、星星、水波、银钩等；花木形，如芙蓉、牡丹、月季、玫瑰等；鸟兽形，如对凤、鸳鸯、麻雀、春燕、牛羊等；还有几何图案，色彩绚丽，图案大方，结构精密严谨。侗锦主要用于衣裙、被面、门帘、背包、胸巾、枕头、头帕、绑腿、侗带等织物的镶边或整面之用，如今人们将侗锦制成样式新颖的背包、壁挂、家纺等，备受消费者青睐。

（三）刺绣图案

刺绣是用绣针引彩线，在纺织品上刺绣运针，以绣迹构成花纹图案的一种工艺，至今已经至少有二三千年的历史。

中国刺绣起源非常早，相传"舜令禹刺五彩绣"，后来刺绣于夏、商、周三代和秦汉时期得到发展，在早期出土的纺织品中，经常可以看到刺绣品。早期的刺绣遗物显示，周代尚属简单粗糙；战国渐趋工艺精美。此时期的刺绣均为辫子绣针法，也叫作辫子绣、锁绣；汉代，刺绣开始崭露艺术之美，因为汉代时国家经济繁荣，百业兴盛，丝织造业尤其发达，加之当时社会富豪崛起，形成新消费阶层，刺绣供需应运而生，不仅已成民间崇尚广用的服饰，手工刺绣制作也迈向专业化，技艺突飞猛进。

刺绣经历了漫长的发展历程之后，1964年，日本开始生产"田岛"牌多头自动绣花机。1970年，电子技术应用于飞梭绣花机，带来了绣花机技术的更新换代。1973年，田岛第一次推出具有换色功能的6针机，之后便出现了计算机多头绣花机。1999年，深圳富怡开始从事绣花机制造、绣花软件设计、磁碟机生产、网络系统开发和服装CAD业务，建立起全国性的销售和网络支持。此后的中国，绣花工业蒸蒸日上，绣花产品在风格上求新、设计上求异、工艺上求精，以适应不同的审美需求。

1.刺绣的针法

刺绣的工艺要求为顺、齐、平、匀、洁。顺指的是用线挺直，曲线网顺；齐指的是针迹整齐，边缘没有参差现象；平指的是手势准确，绣面平服，丝缕不歪斜；匀指的是针距一致，不露底，不重叠；洁指的是绣面光洁，没有墨迹等污渍。

刺绣的针法包括多种：直绣、盘针、套针、擞和针、抢针、平针、散错针、编绣、绕绣、施针、辅助针、变体绣等，各具特色。接下来对常用的几种针法进行介绍。

（1）直绣。这种针法包括两种：直针和缠针。直针完全用垂直线绣成形体，线路起落针全在边缘，都是平行排比，边口齐整。配色是一个单位一种色线，没有和色。针脚太长的地方就加线钉住，后来就演变为铺针加刻的针法。缠针是用斜行的短线条缠绕着形体绣作，由这边起针到那边落针，方向一致。

（2）套针。套针分为单套和双套。单套（或平套），其绣法为第一批从边上起针，边口齐整；第二批在第一批之中落针，第一批需要留一线空隙，以容第二批落针；第三批需转入第一批尾一厘许，尔后留第四批针的空隙；第四批又接入第二批尾一厘许……依此类推。双套的绣法和单套的绣法一样，只是比单套套得深，批数短，它以第四批和第一批相接，也就是第二批接入第一批四分之三处，第三批接入第一批四分之二处，第四批接入第一批四分之一处。

（3）盘针。这是表现弯曲形体的针法，包括切针、接针、滚针、旋针四种。其中切针最早使用，后来发展到旋针。

（4）擞和针。这种针法是长短针参差互用，所以也叫作长短针，后针从前针的中间屦出，边口不齐，可调色和顺，可以用来绣仿真形象。

（5）平针。其方法是先用金线或者银线平铺在绣地上面，然后以丝线短针扎上，每针距离一分到一分半，依所绣纹样而回旋填满，有二、三排的，也有多排的。扎的线要对花如十字纹。

（6）抢针。这是用短直针顺着形体的姿势，以后针继前针，一批一批地抢上去的针法。

（7）乱针。这种针法是不规则地用针用线，用长短色线交叉重叠成形，先以混合色线为底，再交叉重叠其他色线，根据底色来调和，交叉重叠次数无要求，直到形似。

（8）绕绣。这是一种针线相绕、扣结成绣的针法。打籽、拉锁子、扣绣、辫子股以及鸡毛针，均属于此类。其中打籽是苏绣传统针法之一，可以用这种针法绣花蕊，也可以独立地绣装饰图案画。

（9）编绣。这是一种与编织类似的绣法，包括戳纱、打点、铺绒、网绣、夹锦、十字桃花以及绒线绣等。这些针法均适用于绣图案花纹，因而又叫作"图案绣"。

（10）施针。这是一种施加于他针的针法，要求疏而不密，歧而不并，活而不滞，参差而不齐。

（11）变体绣。变体绣是借助其他工具、材料的工艺方法，使常规刺绣发生变化的特殊绣法，其中包括染绣、借色绣、补画绣、高绣、摘绣以及剪绣等。染绣始于元代，元代绣品中的人物、花鸟通常用墨描眉目，以画代绣。借色绣是绣、画并行的方法，主要有三种情况：一是借绣面画稿的着色以助匀密；二是在画好的绣面上，顺着画的笔势，用稀稀的线条绣在上面，从而表现光彩；三是借绣底的颜色以减少刺绣工时的方法。补画绣也是一种画、绣并行的方法，不过它只绣画面的一小部分形象或者绣其中的主要部分进行点缀。高绣是使所绣物体的一部分高起，来增强所绣形象的立体感。摘绫是以薄绫绣成花朵，而另用线缀在绣片上。剪绣原是西洋绣法，由于简单易学，因而民间通常用它来绣儿童的围涎、枕套或绣制艺术品。

（12）辅助针。这类针法不是独立绣形体的针法，而是为了增强所绣景物形似程度和神情的生动性所采用的辅助性针法，包括辅针、扎针以及刻鳞针等。在需要用施针、刻鳞针时，先用长直针刺绣，使之满如平绣，这就是辅针。扎针适宜绣鹤、鹭、鹰、鸡、鸦、鹊之类的鸟爪，绣时先用直针，然后将横针加在直针上面，就像扎物，最后扎成鸟爪的纹。刻鳞针是绣制有鳞状形象的针法。

2.四大名绣

四大名绣即汉民族传统刺绣工艺中的苏绣、湘绣、蜀绣以及粤绣。

（1）苏绣。苏绣起源于苏州一带，是以江苏苏州为中心包括江苏地区刺绣产品的总称。由于苏州地处江南，毗邻太湖，气候温和，盛产丝绸，因而素有妇女擅长绣花的传统习惯。优越的地理环境，绚丽丰富的锦缎，五光十色的花线，为苏绣发展创造了有利条件。苏绣自古以精细素雅著称，被誉为"东方明珠"，其具有构图简练、图案秀丽、主题突出、线条明快、色彩和谐、针法活泼、绣工精细的特点。

从刺绣的技艺来看，苏绣往往以套针为主，绣线套接不露针迹，常用三四种不同的同类色线或者邻近色线相配，套绣出晕染自如的色彩效果。并且，在表现物象时善留"水路"，也就是在物象的深浅变化中，空留一线，使之层次分明，花样轮廓齐整。所以，人们往往以"平、齐、细、密、匀、顺、和、光"八个字来评价苏绣。

如今，苏绣已经发展成为一门种类多样，富于变化的完整艺术，绣品包括装饰画，如油画系列、国画系列、水乡系列、花卉系列、贺卡系列、花瓶系列等，还包括实用品服饰、手帕、围巾以及贺卡等。

（2）湘绣。湘绣是以湖南长沙为中心的湖南刺绣产品的总称，是湖南汉族劳动人民在漫长的人类文明历史的发展过程中创造的一种具有湘楚文化特色的民间工艺。湘绣传统上有72种针法，分为五大类：平绣类、织绣类、网绣类、纽绣类以及结绣类，还有后来不断发展完善的鬅毛针和乱针绣等针法。湘绣擅长以丝绒线绣花，绣品绒面的花型具有真实感，曾有"绣花能生香，绣鸟能听声，绣虎能奔跑，绣人能传神"的美誉。

湘绣具有形象生动、逼真、质感强烈的艺术特征，它是以画稿为蓝本，"以针代笔""以线晕色"，在刻意追求画稿原貌的基础上进行艺术再创造，所以其独特技艺在"施针用线"中有充分的体现。

湘绣绣品应用广泛，主要包括单面绣、双面绣、条屏、屏风、画片、被面、枕套、床罩、靠垫、桌布、手帕、各种绣衣以及宫廷扇、绣花鞋、手帕、围巾等生活用品。

（3）蜀绣（川绣）。蜀绣是在丝绸或者其他织物上采用蚕丝线绣出花纹图案的中国传统工艺，主要指以四川成都为中心的川西平原一带的刺绣。

蜀绣的艺术特征表现为形象生动，色彩艳丽，立体感强，短针细密，针脚平齐，片线光亮，富于变化。蜀绣题材通常是花鸟、走兽、山水、虫鱼以及人物，注重"针脚整齐、线片光亮、紧密柔和、车拧到家"，将手绣的特长发挥得淋漓尽致，具有浓厚的地方风格。蜀绣技法非常独特，至少有100种以上精巧的针法绣技，如五彩缤纷的衣锦纹满绣、绣画合一的线条绣、精巧细腻的双面绣，还有晕针、纱针、点针、覆盖针等都是非常独特且精湛的技法，这些传统技艺既长于刺绣花鸟虫鱼细腻的工笔，也善于表现气势磅礴的山水图景，刻画的动物也生动形象。新中国成立以来针法绣技又有进一步的创新，如表现动物皮毛质感的交叉针，表现人物发髻的螺旋针，表现鲤鱼鳞片的虚实覆盖针等，在很大程度上丰富了蜀绣的表现形式及艺术风格。

蜀绣的主要原料为软缎和彩丝，产品丰富，品种除了绣屏之外，还有被面、枕套、靠垫、桌布以及头巾等。

（4）粤绣。粤绣指的是以广东省潮州市和广州市为生产中心的手工丝线刺绣的总称。粤绣包括两大流派，分别为潮绣和广绣，其针法有所区别，潮绣包括绒绣、钉金绣、金绒混合绣以及线绣等，同时艺人还运用了折绣、插绣、金银勾勒以及棕丝勾勒等多种技巧，使潮绣在"绣、钉、垫、贴、拼、缀"等技艺上越来越完善，产生"平、浮、突、活"的艺术效果；广绣包括直扭针、捆咬针、续插针、辅助针、编绣、饶绣、变体绣、平绣、织锦绣、饶绣、凸绣以及贴花绣等。

此外，粤绣在创作设计方面非常强调内蕴，善于将寓意吉祥和美好的愿望融入绣品当中。在创作方法上采用了源于生活而又注重传统，不满足于现实的描绘而追求更美好理想的理念，并且还善于吸收借鉴绘画和民间剪纸等多种艺术形式的长处，使绣品的构图饱满、繁而不乱、纹理清晰分明、针步均匀、光亮平整、物像形神兼备、栩栩如生、惟妙惟肖，淋漓尽致地反映出粤绣的地方风格及艺术特色。

粤绣题材非常广泛，主要有龙、凤、牡丹、百鸟朝凤、南国佳果、孔雀、鹦鹉、博古等传统题材。

第二章　纺织品图案在服饰
和家纺面料上的设计

纺织品图案在服饰设计和家纺面料设计上应用略有区别，本章将分别对这两方面内容进行具体介绍。

第一节　不同主题的服装设计

一、自然主题的纺织品图案在服装上的设计应用

自然主题的设计并不罕见，这是人类始终追求的一种审美情趣。在传统的历史文化和诗词描述中就体现了人们对大自然的赞美和热爱。各类花卉、动物、天空以及海洋等自然景物都成为人们创作灵感的源泉。自古以来，人们对吉祥如意的美好寓意寄托在地位荣华的瑞兽图案中，在服饰上表达出对美好生活的向往和热爱（图2-1-1）。

图2-1-1　传统的自然主题吉祥图案样式

人们始终热衷于利用吉祥图案进行创作，古代的祥瑞图案也成为现代服饰图案设计的重要素材，对于这些图案的合理利用更成为传统文化继承

和表达的象征符号。非常经典的例子就是2008年北京奥运会服饰图案的设计，尤其是运用祥云图案，构思巧妙。作为大型活动的标志性服装，不仅需要考虑图案的表现形式是选择单独纹样还是连续纹样，而且要考虑需要装饰的部位，只有全方位思考，才能让整个服装的设计更加完美（图2-1-2）。

图2-1-2　传统自然主题吉祥图案祥云的应用

（一）人物、动物主题

在我国历朝历代的服饰中就已经可以看到动物图案的运用，动物具有重要的隐喻作用，或威严或吉祥，更重要的是一种身份与地位的象征。如古代帝王的龙袍和各级官员的袍服上绣的各种瑞兽图案，都有严格的等级制度。中国传统图案注重寓意，而在现代服饰设计中实际上可以将其寓意进行弱化，运用不同造型、色彩以及技法，追求形式美感。服饰上的图案纹样已经不再是权力的象征，而是中华民族精神、民族文化的体现和升华，只有合理运用才能继承和发扬中华民族传统文化的核心（图2-1-3）。

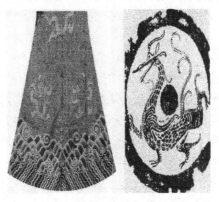

图2-1-3　龙纹图案在帝王服饰中的应用

现代社会生活的多样化造成服饰观念的丰富多彩。近些年来，随着国内外波普艺术风格的兴起，艺术家们将广告、商标、歌星、影星等大众熟悉的图像，以解构、拼贴、重复的手法进行艺术创作，不仅能够起到装饰的效果，而且也让服饰图案上人物头像的出现增添了合理的艺术表现形式。从服饰的流行意义上来讲，图像的使用，还迎合了人们复古的思绪和情怀（图2-1-4）。

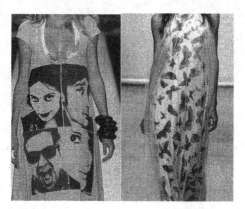

图2-1-4　人物、动物的装饰图案的应用

（二）植物和花卉主题

在历朝历代的服饰中经常可以见到植物和花卉图案。在中国的传统服饰文化中，植物花卉图案意味着吉祥如意，物丰人和。现在，在服装领域花卉图案的运用日益宽泛，花卉服饰图案越来越受到人们的广泛关注，一年四季都可以看到花卉图案的应用。随着现代纺织和印染技术的迅速发展，服饰图案中的花卉图案已逐渐发展成为流行的主体，像提花、晕染效果的花卉图案，或对称或呼应或夸张或均衡的搭配，都彰显形式美的统一、和谐。

大量的植物和花卉图案通过色织提花、套色交织以及平纹印花技术，被广泛运用于各类服饰面料中；在花型设计方面，打破了传统花卉的手法，粗细的交叉展示花卉的婀娜，深浅的层次展示花卉的立体形式。印染在飘逸的雪纺和光亮的丝绸、轻薄的纱或者化纤织物上，使花更加富有灵气；抽象花卉图案的创新，不再受时代的束缚，结合现代技术，充分展示前卫的风采；另外，数码技术与印染的结合，使轻盈的花卉图案若隐若现，诗意盎然。织绣、钉珠、金银丝线的混合使用，更使图案的表现富丽堂皇（图2-1-5）。

图2-1-5 植物和花卉图案的应用

（三）建筑、绘画主题

随着服装设计的不断发展，在服装上表现出越来越多的艺术形式和种类，特别是以建筑及绘画为代表的艺术元素成了新一类服饰图案的来源。设计师在服装设计中运用各种风格的绘画作品和建筑作品，以服装为载体，在人体上展现各类艺术风格（图2-1-6、图2-1-7）。

图2-1-6 建筑风格的服饰图案　　　　图2-1-7 绘画风格的服饰图案

二、工业设计主题的纺织品图案在服装上的设计应用

众所周知，工业设计是现代社会发展的产物，在工学、美学、经济学的基础上，对工业产品加以设计，其概念源自德国的包豪斯设计学校。随着历史的发展，传统工业的设计内涵已经逐步进入现代工业社会，然而工业化的生产同时给现代工业设计的概念添加了新的生命。随着现代工业设

计概念的不断推广，工业设计主题的服饰图案是近年新兴起的图案系列，主要以工业化和现代化为设计主题，反映出设计的独特性，体现对工业进程的回顾和反省，还有倡导和呼吁现代社会环保、生态保护的理性思考和认知。

（一）现代社会的产物

随着现代化进程不断加快，先后出现了许多新生事物，体现在服饰图案当中就以工业化的装饰图案为代表，反映了新生事物强大的生命力及感染力。许多纺织品、服饰图案在运用高科技数码技术辅助设计下，如计算机分色、计算机测配色、数字喷射印刷、纺织品图案设计系统以及转移印刷等，使图案的设计在造型上、色彩上、表现技法上更为精细、表达更为清晰。设计者可根据设计需要轻松地展示各类图案的肌理效果、重叠层次以及结构变化，取代了原始的手工绘制，使纺织品、服饰图案的设计更为丰富多彩。此外，独具匠心的设计师还会使用奇特的材料和面料，形成独特的图案和装饰效果（图2-1-8）。

图2-1-8　具有现代感的时尚喷绘图案

（二）工业化主题图案的发展和应用

工业化主题图案的发展和应用与系列化的服饰设计是相辅相成的。图案系列化实际上是针对服饰主题的系列化来说的，服饰图案风格一致、外观接近，属于具有一定联系的归类设计，使其图案的实用性更强、更为新颖、更加体现时代感。以某一元素为基型，设计合成两组以上的造型、色彩、结构以及肌理效果之间所构成的关系来表现主题设计。例如，可通过图案的造型、结构组成，也可通过造型、色彩组成，或是通过作品题材、装饰风格以及肌理效果组成等方法实现。但是一定要保持系列图案的主干结构与主体图案的明确性，来加强人们的接受度，使这个主题的设计更为亲切、更为多样化。

服饰的商业化是现代社会的消费潮流，所有形式的主题、所有形式的图案设计，只有在服装设计中应用并得以推广，使其市场化，才能够挖掘深层次的经济价值，最终使品牌的发展有持久性。

第二节　服饰图案的创新

一、寻找灵感（灵感思维）

灵感指的就是在创作过程中瞬间产生的富有创造性的一种突发思维状态。

灵感的产生与想象是分不开的，想象以感性形象为基础，而感性形象源自对生活的观察与体验。因而，可以这样说，灵感来自生活，体现生活。深厚的生活积累、较强的艺术内涵修养、特定的环境影响以及丰富的社会实践都可以爆发灵感。

设计灵感虽在瞬间产生，实际上却得益于平日的积累。灵感的捕捉并非是偶然的，而是苦思冥想后出现的顿悟。设计师应当善于从自然中发现美，从生活中感受美。生活中的每一次感动，每一次豁然开朗，每一次心灵的颤动，均为灵感最直接的来源，我们应迅速捕捉、记录下来，再进一步补充、完善，设计出具有独特性的服装。

灵感是设计审美表达的灵魂与精神所在，是艺术创作的最高境界。服装设计师有必要了解文化和艺术等方面知识，能够提炼出传统文化、民族文化、古代文明、现代时尚等多方面文化因素的精髓，并将其融入自己的设计当中。

（一）传统和民俗文化

1.传统文化

传统文化是一个国家或者民族世代相传的思想文化与观念形态，是体现本国本民族特质与风貌的民族文化。我国的传统文化历史非常悠久、博大精深。中华传统文化包括：古文、诗、词、曲、赋、茶、陶、乐器、兵器、音乐、戏剧、曲艺、国画、书法、对联、灯谜、酒令、成语等，涉及生活的多个方面。

我国传统纹样题材涉猎十分广泛，往往通过人物、花卉、飞禽、走兽、器物以及字体等形象，以语言、民间谚语、神话故事为题材，通过借喻、比拟、双关、象征等表现手法创造、表达自己的设计理念。中国传统纹样如龙纹、凤纹、卷草纹（图2-2-1）等丰富的传统题材不断地被设计师运用，一些时尚大牌设计师也将东方元素融入设计产品中（图2-2-2）。

图2-2-1　中国传统纹样　　　　图2-2-2　中国传统纹样在服饰上的设计

在设计中不仅要掌握传统文化的资料，还要进行理性分析，发现其中所包含的文化内涵和艺术哲理，挖出深层次的审美意蕴，再加上独到的见解及个性，设计出富有传统和新意的作品。例如2008年北京奥运会颁奖礼服（图2-2-3），设计师巧妙运用中国元素，用青花瓷图案、江山海牙纹、牡丹花纹以及宝相花图案等中国传统纹样表达出中国式"重意不重形"的人文审美特征，体现了中国传统服饰文化中"天人合一、和谐共存"的东方哲学。

图2-2-3　2008年北京奥运会颁奖礼服

2.民俗文化

民俗文化是指一个国家、民族、地区中集居的由民众所创造、共享、传承的风俗生活习惯，体现本国本民族的民俗风情及文化特质。民俗文化主要有：民俗饮食文化、民俗装饰文化、民俗工艺文化、民俗节日文化、民俗歌舞文化、民俗戏曲文化、民俗音乐文化、民俗绘画文化等。

　　我国是个多民族国家，不同民族具有不同的客观因素及社会背景，每个民族在经过了漫长的历史演变与民族融合后都形成不同的文化特色及风格。传统技艺加上本民族广博的文化内涵，成为丰富的设计素材的来源，十分珍贵。例如，居住在黔东南的苗族服装式样风格多样，样式款型丰富，仅裙子就有短裙、长裙、百褶裙、筒裙、裤裙、带裙、片裙（图2-2-4）等造型，上面的图案更是富于变化。

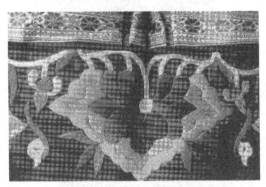

图2-2-4　苗族服饰图案

　　中国传统民俗工艺如刺绣、剪纸、盘钮、蜡染（图2-2-5）等也被融入设计中，成为服饰文化的亮点。设计师们将各种不同文化背景的素材融会贯通，追求自然和精神的和谐统一，把自己的感受通过服装表达出来。

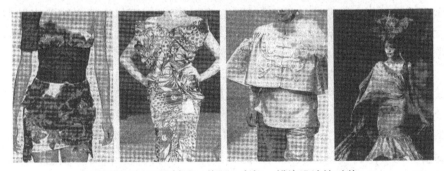

图2-2-5　运用刺绣、剪纸、盘钮、蜡染设计的时装

（二）具象和抽象图案

　　具象图案通常将写实、理想化的造型作为描绘对象，通过归纳手法对

自然形态中的具体形象进行直接模仿或者借鉴，形成新的艺术形态。具象服装的图案设计力求尽可能真实地记录与描绘生活中真实存在的形象，是设计师对生活中美好事物的情感寄托。以图2-2-6所示的成衣为例，设计师以孔雀图案为素材，在设计中使用大量精致的刺绣、蕾丝、珠片和抢眼的头饰，使整个系列弥漫着大自然的味道，具有一种华丽的宫廷感，展示了设计师非凡的想象力。

图2-2-6　Alexander McQueen设计的孔雀图案及造型

抽象图案，通过点、线、面、肌理以及色彩等形式元素构建形态，单纯地体现纯形式的造型语汇及装饰形态，很多设计师都喜欢用这种表现手法。抽象艺术是客观现象的间接体现，在二度空间中自由地起伏变化，不受客观因素的影响和制约，创作存在偶然性，是人类理性思维的结晶，抽象的形态能够延伸发展成各种具象形态。

抽象图案设计基础是从具体的、形象的事物转化为单纯的、抽象的形状，作品形象的视觉冲击力强，展示出节奏感和秩序美，内容往往具有特定的象征意义，表达了设计师的设计理念。如图2-2-7所示的设计作品，是BASIC EDITIONS非常富有个性的超时尚设计风格和中华民族古文化深厚底蕴的巧妙融合性理念发展的作品，设计师以青铜器上的饕餮纹图案为设计基础，进行演变、延伸以及各种抽象的分割，完美呈现出了具象元素抽象化。

图2-2-7　BASIC EDITIONS作品中饕餮纹图案的运用

（三）流行和时尚元素的图案

流行指的是一定的历史时期，社会上新出现的事物或者某些权威性人物倡导的观念、行为方式等被人们接受、采用，并迅速推广直至消失的一种社会现象。这是一种普遍的社会心理现象。在服装设计大师克里斯汀·迪奥看来，流行是按照一种愿望展开的，当对其厌倦的时候就会改变它，厌倦会让人迅速抛弃曾经非常喜爱的事物。

从流行中可以看到文化与习惯、生活方式以及观念意识的传播，是一段时间内群体的喜爱偏好，是一种大众化的表现。纽约、伦敦、巴黎、米兰这四大时装中心城市的时装周发布基本决定和揭示了当年和下一年的世界服装流行趋势。

时尚指的是在短时间内一些人所崇尚的生活。时尚涉及生活的方方面面，多通过人的思想观念与服饰来展现。时尚不仅是一种态度，而且是一种文化，是一种内在，能够装点我们的生活。时尚能够满足人类特殊的心理需要，给人们以纯粹不凡的感受，展示其不凡的生活品味，体现人的个性。

如今时代变化万千，时尚流行元素是商品的重要组成部分，越来越受设计师的关注，成为其创作主题制订的灵感源泉之一。设计师需要具备敏锐的洞察力，清楚社会动态，要有超前的意识提前把握流行趋势。将时尚元素融入设计中，结合流行趋势，全面考虑到运用流行色，将设计与社会关注的热点人物、事件紧密贴和起来，洞悉国内外最新的制作工艺及技术设备。

二、服饰图案的策划和设计

图案设计需设计者通过自己的主观想象，对自然形态的物象进行加工、超越现实地组合成理想的主观意象。设计者有必要学习和借鉴各种艺术形式，多看、多听、多记、多收集素材，头脑中的表象越多，想象力就会越丰富，就可以随时根据设计主题的需要调集出有用的资料，设计出优秀的作品。

（一）造型意向

策划和设计图案，一般的构思顺序为：首先明确研究课题，即造型意向，然后准备需要的原始资料，设计构思草图，从中挑选出最为理想的设计方案，最终完成设计。有创意的思想和美好的意境是设计作品的核心。

（二）造型依据

设计师要想设计出好的服装设计作品，在前期的准备工作中，需要对设计所需要的相关资料进行搜集、积累和研究，要关注来自各方面的动向，尤其是大自然中的各种事物，多收集有意义的信息，以便于设计理念的形成。通常情况下，服饰图案要结合整个服装的系列主题来寻找素材进行设计，对于服饰的主辅料选择非常关键。

1.客观物象

大自然中的花卉和植物形态多姿，可以给服装设计师带来源源不断的灵感启示。

2.人文事物

传统的民间艺术、多彩的少数民族艺术和古今中外所有优秀的历史文化遗产，都可以给设计者提供优秀的设计素材源泉。

3.社会时尚

流行的文化元素、时尚的行为方式、异域文化的影响以及社会关注的聚焦点都可作为设计灵感的素材。

4.人的主观感受

设计不仅是对原有自然物象的再现，更多地强调对自然与生活的感受，而设计重点是设计者是否可以独具慧眼，把握住感觉并将其充分表达出来。每个人的感受不同，要表现的主题思想自然也有区别，因而会有不同的表现形式和构图出现。

生活与大自然为艺术创作提供了源源不断的素材源泉。服饰图案设计其实就是对现实世界中已有的艺术元素通过设计者个人的想象、联想，然后重新打散加工改造。

（三）设计阶段

服饰图案并非孤立存在，服饰图案的设计要考虑到市场需求、面料选择、工艺条件，还要考虑图案的用途、特性、风格以及功能等方面的因素，以服装的类别和功用来选择相应风格的图案设计。要理解图案与服装的关系，掌握服饰图案设计特有的内在规律和形式特征，选择利用和设计图案为设计服务，了解和发掘最新材料制作、工艺手段以及最新理念（图2-2-8）。

图2-2-8 欧美女装外套设计手稿

服饰图案的设计与服装主题的设计要相符，往往是通过确定制作意念、素材采集及艺术表现等过程来完成的。

1.制作意念

制作意念根据引发的创作目的不同，可以分成偶发型设计与目标型设计。偶发型设计指的是在设计之前并没有明确设计目标，而是受某种事物启发所引起的创作冲动进行创作。目标型设计指的是在设计之前已有明确的制作目标及方向。

2.素材采集

不管是目标型设计还是偶发型设计，在设计前均需采集相关的素材。

从搜集到的文字和图案形象中获取直接的、间接的感受，来引发构思的灵感，明确设计草图。

3.艺术表现

服装设计在经过确定主题、捕捉灵感、素材采集、设计草图这几个阶段确定设计风格及类型之后，接下来最为重要的是对设计方案的完善与表达，也就是通过何种服装款式、色彩以及面料来完成设计构思。

第三节 家用纺织品图案的设计定位和构思

如今，已经有越来越多的家纺企业和家用纺织品设计者开始重视植根在本土文化的设计。在20世纪90年代，一股创新热潮席卷中国大地，老一辈的家用纺织品设计工作者竭尽全力地创造，为中国家纺事业的进步和发展奠定了坚实的基础。中国是有着深厚传统设计文化的国家，传统设计文化是一座还没有被很好挖掘与开发的设计宝藏，在此方面我们应加大研究投入，将中国传统文化特色的设计打入国际高档家用纺织品市场。

一、家用纺织品图案设计定位

（一）目标定位

家用纺织品图案的设计需考虑诸如产品涉及的国家、地区、民族、风俗、文化、气候以及个人喜好等因素。在不同的历史时期，各种风格始终在不断演变与发展。

1.经典性与普遍性

中国历史源远流长，文化底蕴优秀深厚，可以被发掘的东西有很多。例如，中国的龙凤图案、汉字图案、青花瓷图案（图2-3-1）以及补丁图案等广泛地用于国外的家纺产品上并且深受人们的青睐。一些经典的、流传非常深远的纹样在不同时期都会以不同的形式及风格广泛地流行一段时间，例如，200年前诞生于克什米尔的佩兹利纹样就经历了多次的反复流行，而每次流行都会变得日益精致。

图2-3-1　家用纺织品设计中的传统青花瓷图案

2.地域性与民族性

中华民族文化不仅深受国人的重视，同时也走向了世界，并得以流行。不过"中国风"图案并非照搬中国传统纹样，而是在中国传统纹样的基础上，结合当地文化，加入异域的情调。由于当地文化的融入，才使"中国风"图案真正得到更大的发展与推广。

3.个性化

从现代纺织品设计的发展过程中可以看出，个性化的纺织品设计始终与艺术潮流密切相关，基本上每个时期的艺术潮流都形成不同的纺织品图案设计风格，而艺术潮流的发展对纺织品个性化设计具有非常积极的促进作用。例如，19世纪末兴起的莫里斯图案与新艺术运动，形成纺织品设计非常具有个性色彩的特殊风格；20世纪中叶兴起的光效应图案也以其独特的幻视风格风行于世界；野兽派的代表人物之一杜飞创造的杜飞花样，以洗练的笔触及平涂的色块加上粗犷的写意手法成为现代纺织品设计的一种主要风格。设计观念的改变与工艺技术的更新为个性化家用纺织品开辟了新途径，20世纪80年代国内兴起的独幅构图床品图案为家用纺织品设计带来了新鲜气息，成为当时流行一时的个性化设计观念。而21世纪在丹麦fox酒店的床品设计（图2-3-2），颠覆了以往的传统观念，创造出一系列具有独特艺术魅力的设计。

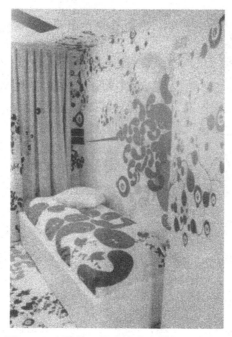

图2-3-2 丹麦fox酒店客房个性化设计方案

（二）消费群体定位

家用纺织品是异质性非常强的时尚类产品，消费群体的差异化使人们对个性化家用纺织品的需求比较强烈。例如，婚庆家用纺织品在传统意识中，越喜庆越好。红色的被子、床单、窗帘、桌布、枕头、沙发上有着夺目的鲜艳花朵，充分表现了中国式的喜庆。不过大多数现代意识强的年轻人追求时尚、张扬个性，婚庆恰恰是他们充分表达自己思想的好机会。亦有人们崇尚西式生活，他们的婚庆房间，有的采用欧式古典风格的提花家用纺织品来配合同类型的家具，卷涡纹和沉稳的暖色营造出一种厚重、大气却又不失典雅、高贵的舒适空间；有的让波普印花纹样反复出现在他们的床上、地上、桌上、墙上的软装饰产品及其他器物、家具上，时尚而艳丽的色彩结合另类的图案造型体现出强烈的现代风格和喜庆色彩。婚庆产品设计由于人们不同的职业、不同的性格、不同的心理和不同的审美而做出了多种选择（图2-3-3）。

图2-3-3　不同风格的婚庆家纺产品

（三）确定使用目标

　　纺织品设计的重要一环是分析产品的使用目标，明确设计产品的用途。例如，无论是卧室系列的图案设计还是客厅系列的图案设计，是家居系列的图案设计还是宾馆系列的图案设计，都要有确定的任务目标指向，再根据该定位，进行市场调查，并制订可行的设计方案。之后便要确定面料图案的设计方向是印花、提花还是绣花或其他方式。如果该设计采用印花式，就要考虑更适合平网印花还是圆网印花或是转移印花、数码喷绘印花；如果采用提花式，就要考虑更适合大提花还是小提花等。

1.家居系列图案设计

　　（1）圆网印花与机绣结合的设计方案。写实性大花，满地花形式，暖色调为主调的色彩，展示着异国情调的风格，适合欧洲市场和国内40岁以下人群。满地的沉着、写实的粉红牡丹以及淡黄、绯红的小花，就像是走进了鲜花盛开的后花园，机绣的洛可可纹样的床品边饰，就像是装饰精美的护栏围绕，现代风格流畅线条的构成将两者进行有机结合，柔和的暖色调则充满了家的温馨。

　　（2）平网印花与绗缝结合的设计方案。图案为装饰性花卉，整体构图的形式，暖色调为主调的色彩，展示厚重古典而时尚的风格，适合欧美市场和国内35岁以上年龄段人群。装饰性的花卉纹样的组合构成，不仅符合流行趋势，也迎合了某地区人群的喜好。暖色调的面料加上暖色调的印花，经过接缝处理，表现出高雅富丽的装饰效果。

2.宾馆系列图案设计

（1）圆网印花和绗缝结合的室内配套设计方案。斜格纹样给人一种稳定、安静的感受，装饰性叶纹打破相对规矩的画面，使稳定中蕴含活泼和生机，绗缝形成的起伏体现出床品的高档感，暖暖的黄调色彩给人以宾至如归的良好体验。

（2）数码喷绘印花的室内配套设计方案。抽象、夸张的波普纹样，靓丽、醒目的色彩，简单的直线绗缝，体现出简洁和明朗的风格。大块的明亮色彩和抽象的造型，给人以自由和快乐的体验。

二、家用纺织品图案设计构思

家用纺织品图案的设计包括构思、整理以及绘制三个阶段。构思是非常重要的步骤，决定了图案的效果。该阶段需要构思和准备图案设计的创意、表现手法、画面处理以及效果表达。无论是素材还是图案都需要进行多方面的构思准备，应当充分发挥想象力，开拓思路，查阅相关的参考资料，选用恰当的表现手法，表达自己的创作灵感。设计的来源是图案设计中的元素，图案设计中的元素也是构思开始的地方，图案的元素可以自己创作也可以用现成的。

（一）构思要求

纺织品图案设计构思准备中必须要考虑到风格特色这一因素，产品的风格指的是对产品的图案、造型以及色彩等全面的感觉。风格有多种分类，根据地域可以分为欧洲风格、亚洲风格以及美洲风格等，还可分为阿拉伯风格、地中海风格、东南亚风格、北欧风格等，还可以分为印度风格、希腊风格、中国风格等；根据色彩感觉可以分为艳丽风格、朴实风格、淡雅风格、黑白风格；根据造型特色可以分为古典风格、中性化风格、现代风格。根据不同的条件可以产生不同的风格分类，而不同的风格要求决定了家用纺织品图案的构思方向。以现代风格的家用纺织品设计为例，在图案的构思上应当选择简约型，可用抽象图案、几何图案、肌理图案，也可用概括点的花卉图案。再以中国风格的家用纺织品设计为例，在图案的构思上可选各历史时期或者各民族特色的纹样或迹象纹样等。

家用纺织品图案的构思应当围绕家用纺织品的类型而展开。一般情况下，家用纺织品可分为家庭用和非家庭用两类。非家庭用纺织品范围广泛，其中包括办公用、医院用、军营用、宾馆用、旅游用等；家庭用纺织品即传统意义上的产品，主要包括卧室、卫浴、客厅、餐厨类家用纺织品。明确了家用纺织品的类型，还需要了解图案应用在什么部位，然后才能开始家用纺织品图案的构思。同样是一件家用纺织品，图案应用在产品的中心位置还是边缘，在正面还是侧面都会影响构思。以床上用品中的被套为例，若在中心应用，图案的构成形式应用独立纹样或者中心纹样，从而体现独立、突出的感觉，形成视觉中心；若图案的构成形式应用在边缘则应当用二方连续纹样，来形成连续的感觉。

（二）设计构思方法

1.家用纺织品图案的风格特性

家用纺织品图案构思需要考虑家用纺织品图案的风格特性。在构思中，家用纺织品的风格决定了构思图案的风格，在同种风格前提下可考虑风格的影响因素，力求将风格体现得更贴切，表现得更适合。无论哪一种风格的图案都应当考虑其现实性、民族性、思想性以及艺术性的要求。

图案的民族性指的是图案作品具有民族风格，图案内容象征一个国家的文化艺术特色，体现这一民族丰富多样的、独具特色的艺术风格。通常图案都具有民族性，可根据构思的元素来源确定具有何种民族性特色。

图案设计具有现实性的特点。在家用纺织品图案的构思中应当考虑现实性和风格之间的关系。图案风格的思想性表现在两个方面：一方面是设计者自我思想情感的表达，另一方面是大众思想情感的需要。艺术性是图案设计的要求，优秀的图案构思应当具备风格新颖、构图完整、内容健康、排列灵活、色彩配置合理、造型饱满、层次分明以及主题突出等艺术性的特点。

2.家用纺织品图案的构成特性

图案的构成形式包括单独纹样、适合纹样、二方连续纹样、四方连续纹样、综合纹样等，不同的纹样构成形式的适用范围不同，应当根据构思的要求选择合适的纹样结构。例如，单独纹样更适合客厅类、卧室类等家用纺织品；二方连续纹样更适合卧室类、餐厨类、卫浴类等家用纺织品；四方连续纹样的使用范围很广，在非家用和家用两方面的应用都比较多，主要应用于卧室类家用纺织品上；综合纹样的使用特点鲜明，通常出现在个性化突出、风格鲜明的家用纺织品上。例如，家用纺织品图案的构思要求是设计欧式风格的餐厨类家用纺织品，图案主要应用于产品的局部。因餐厨类家用纺织品以实用为主，而且要考虑环保，不适合在纺织品上以满地方式出现图案，所以在构思的时候便要考虑采用中心纹样及二方连续纹样。

3.图案构思的元素

图案构思元素中形状最为丰富，色彩最为多变，应用最为广泛的内容是植物元素。它指的是花卉、草木、树叶、果实以及与人们相关的蔬菜、瓜果等。人物元素指的是日常生活中不同年龄、不同性格、不同职业、不同民族的人。动物元素指的是大自然中的各类飞禽、走兽、鱼虫以及贝壳等。图案设计上运用较多的包括蝴蝶、鱼、猫、猪以及鸡等形态富于变化的图案。几何元素指的是由点、线、面构成的特定的几何形；风景元素指的是天空、大海、高山、森林、平原以及湖泊等大自然的风景；矿物元素指的是形状色彩多样的矿物成分，如水晶、玛瑙、金、钻石以及玉器等；天象元素指的是雷电、风云、雨雪、日月、星光以及彩虹等。这些元素在现代的图案设计中可根据要求选择和创造相应的元素作为图案构思的开始。如要求构思的是人文特色鲜明的家用纺织品图案，就可以选择文字素材作为设计的元素，在文字素材中还有许多类型，若选用中国文字作为素材，可考虑是用古代文字还是现代文字，是用简体文字还是繁体文字，是用宋体还是楷体或其他字体等。文字元素指的是各国的古代、近代、现代创造的各种文字，如阿拉伯文字、汉字、英文字、拉丁文字以及希腊文字等。

4.图案构思的形态

通常家用纺织品图案的形态可分为两类：具象形态与抽象形态。具象形态是自然形态，指的是未经提炼加工的原型；而从自然形态提炼、变化出来的形态即为抽象形态。其实抽象形态是从具象形态演变而来的，只是人们在视觉经验中缺乏体会而已。以最基本的点、线、面为例，在抽象上仅仅是一个点、一条线和一个面，在具象上一个点即为一个物品，可以是一个月亮，可以是一件陶瓷片，也可以是一个风扇。一条线和一个面也是这样。具象形态及抽象形态均为艺术的形态特色；在图案构思上是选用具象形态还是抽象形态可以根据构思要求而定，这两者的选择并不难，主要根据风格要求而定。具象形态的图案可以适用多数风格的家用纺织品，而抽象形态的图案往往应用在现代风格的家用纺织品中。在完成所有的工作，确定构思方案之后，便要根据构思的具体要求，开始查找相关的参考资料，找到合适的元素。查找参考资料有多种途径，比如通过书籍或者网络，还可以直接到市场上看产品，也可以从大自然中发掘一些需要的元素。需要说明的是，体现构思的素材并不是一定要通过资料来搜寻，还可以自行创作，特别是一些几何类的素材完全可通过自己的经验来创造。在自己创造素材的时候需要根据审美和艺术的特点来表现，根据图案构思中最适合的角度来制作所需元素。

第四节　典型的家用纺织品图案设计

一、印花图案设计

图案是展示主题内容的表现形式，因世界各国之间有着民族、文化、时代、经济等差异，对色彩、图案的喜爱倾向也有所区别。所以，图案会随着不同民族、宗教、文化、时代的影响，形成各具特征的纹样风格，图案风格还随着时代的发展而不断进步，并且渐渐地发展成为一种潮流，具有时代性特征。

（一）花卉图案

花卉图案在印花图案中是重要的题材之一，它的适用面非常广，而且具有经久不衰的优势。花卉图案的表现特征主要包括两种：写实花卉图案和写意花卉图案。其中，写实花卉图案表现细致、造型生动、色彩和谐；写意花卉图案用笔豪放、造型夸张、线条流畅。花卉图案的表现技法不仅有泥点撇丝、勾线平涂，还有蜡笔肌理、泼墨肌理、水彩肌理以及油画棒肌理、摄影效果等多种技法，随着现代印染科技的发展和运用，花卉图案的创作空间日益扩大。

（二）单色图案

单色图案指的是采用单一色彩和白色相结合而成的图案，有些时候，单色图案的底色会是一套色，花型是另一套色，这种两色图案在印染工艺上都叫作单色图案。虽然单色图案具有简洁明快、清新质朴的特点，在色彩斑斓的图案世界里拥有长久魅力，然而在实用过程中，这类图案还是需要在构图技法、疏密关系上去弥补其色彩单一的不足，从而使其具有丰富层次感的效果。

（三）民族图案

民族图案（民间图案）源自传统的流行图案，这类图案受限于特定文化、地域，其表现题材丰富多样，与其他类型的图案相比，它有着更为复杂的内容和形式。民族图案可表现植物、人物、动物、风景以及几何图形等。特别是在表现各地区的特点上有着非常大的差异，有些地区重在写意，有些地区重在写实；有些柔和且淡雅，有些则粗犷且豪放。世界各个地区的民族图案都各具风格，如我国传统的民族图案与非洲土著的民族图案、印度图案和埃及图案等，均有着特殊的地域装饰效果。

（四）几何图案

几何图案造型具有简洁大方、色彩明快强烈、构图多变的特点。包括规则的方形、三角形、圆形以及不规则的抽象图形。虽然几何图案并没有显著的风格倾向，不过其大小、粗细组合灵活，不仅能够表现传统，还能够表现现代；不仅可以应用于现实主义，还可以应用于浪漫主义。几何图案的用途广泛，富于变化，普及范围非常广，可谓一种永久流行的图案（图2-4-1）。

图2-4-1　几何图案印花抱枕

（五）补丁图案

补丁图案往往把不同题材、不同花形、不同时期、不同风格的图案拼接在一起，从而形成相互叠压、时空错位的平面视觉效果。这种补丁图案源自18、19世纪的美国，当时妇女缝制的绗缝制品。设计师在现当代的印花图案设计中，充分吸收补丁图案的特点，并且采用明显的镶拼效果而创作出独具视觉美感的作品。这类图案风格的设计常常用于室内软装饰，如床上用品、靠垫等，它们可以充分表现出浓厚的生活情调，所以在家居设计中被广泛应用（图2-4-2）。

图2-4-2 补丁图案

（六）民俗图案

民俗图案的风格有着比较强的写实性绘画效果，充分表现出一种场景或者规范地描述一个故事。民俗图案造型细腻逼真，层次感强，其色彩感觉古朴醇厚。民俗图案的构图有满地和条形等多种形式，这种图案主要用于室内装饰纺织品设计，如窗帘、桌布、背景墙等，它可以创造出具有怀旧情调的环境氛围，在家居图案设计中广泛应用（图2-4-3）。

图2-4-3 民俗图案挂毯

（七）佩兹利图案

佩兹利图案源自克什米尔，兴起于18世纪初的苏格兰西部佩兹利小镇，这一小镇利用工业化生产的优势，大量生产佩兹利纹样的披肩、头巾以及围脖等产品并销往各地。因此，人们渐渐地习惯把这种图案叫作佩兹利图案。

佩兹利图案常根据不同时代的流行而变化，其造型富丽典雅、活泼灵动，层次感强，有着很好的图案适应性。佩兹利图案常常用于时装和家用纺织品当中，并且深受各国人民的青睐，该图案的风格尊贵典雅、高档奢华，极具内涵美。

二、织花图案设计

本部分主要针对织花图案设计的特点及工艺因素展开讨论，其中，工艺因素有原料、经纬密度、花幅尺寸以及织物组织等。

（一）织花图案设计的特点

这种织花图案和印花图案设计存在非常大的区别，织花图案的艺术特点表现为结构严谨、色彩典雅、造型丰满、艺术与实用相结合，且传统文化色彩浓厚。

1.结构严谨

织花图案要求所有形象必须清楚表现花纹的结构与脉络，其形象是通过组织结构的变化体现出来。所以，图案的描绘要精细严谨，形象的轮廓必须清晰。

2.色彩典雅

织花图案色彩规范，其中素色织花图案稳重大方，简洁明快；彩色织花织物高贵华丽、和谐典雅。如今，现代社会的审美趋势在不断变化，织花图案的色彩运用也需要及时根据市场变化的特点与品种流行的趋势适时地变革和创新。织花图案的设计还要结合组织结构、纤维材料、质地状况、图案表现等多种技法，在操作过程中要实施科学的配色方案，才能使织物获得理想的艺术效果。

3.造型丰满

织花图案花纹布局匀称，穿插自然得体，其花卉形象通常采用正面或者正侧面的花头，以饱满的造型展示纹样的充实丰盈感。织花图案往往利用组织变化塑造形象，形成纹样虚实和层次变化，从而充分表现形象的立体感与丰富的层次感。

4.艺术和实用结合

织花图案设计要让织花织物符合形、色、质俱佳的表现要求，不仅要表现织物内在的优良品质，还要充分体现织物的艺术效果，从而产生艺术美。所以，在图案设计过程中，必须要全面考虑织物的实用性和艺术性。

在织花图案设计过程中，必须非常熟悉并掌握工艺流程，这在织花图案设计工作中尤其重要。如果想在织花专业领域取得一定的成就，设计者不仅要加强艺术造型方面的基础训练及修养，还要深刻了解工艺流程，并熟悉相关的工艺技术，在图案设计中能够巧妙利用该工艺，才能够胜任织花图案的设计工作，在图案设计过程中游刃有余，最终取得纹样设计的预期效果。

（二）织物原料

纺织纤维是织物的原料，是构成织物最基本的要素，同时也是形成织物品质最重要的基础。这是一种细长柔软的物质，具有一定的强度、弹性以及非常好的可塑性。纺织原料非常丰富，各种材料的特点和性能不尽相同。织物原料根据来源的不同可以分为天然纤维和化学纤维。其中，天然纤维有植物纤维（如棉）、动物纤维（如毛）和矿物纤维（如石棉）；化学纤维有再生纤维（如人造丝）及合成纤维（如锦纶、涤纶）。

在织花设计中，若可以正确运用原料的性能特点，可以使织物的外观形成良好的艺术效果，而且图案纹样的艺术表现，也可以将织物的内在品质淋漓尽致地表现出来。

织物表面形成细腻或粗犷的效果可通过纤维规格的粗细变化呈现出来。规格细的纤维，织物表面细腻；规格粗的纤维，织物表面会呈现粗犷的效果。除此之外，不同纤维组成的织物的光泽效应有所不同，巧妙地利用纤维的光泽效应，会使织物产生朴素或华丽的不同效果。例如，真丝光泽柔和细腻，金属丝富贵华丽，人造丝光泽亮丽，棉纱暗淡温和等。因此，图案设计要充分考虑并且利用纤维的光泽效应，使纹样显示层次变化。

通过物理、化学方法处理的纤维，原料的光泽、手感会有所变化。例如，经过加捻、碱减量等工艺处理会对纤维的性能有所改善；不同性质的纤维对染料的吸色性能有所差异，图案设计运用不同纤维交织的方法，通过染色处理后，可以得到素织多色的艺术效果等。

如今，科学技术不断地发展，涌现出各种新型材料。所以家用纺织品图案设计师可以通过不同渠道，不断地了解新技术和新原料的特性。当代为家用纺织品设计带来了新的契机，因而设计者要不断创作新产品，满足消费市场的需求，促进家用纺织品行业的繁荣发展。

（三）经纬密度

织物中经纬纱线的密度会影响面料的质地。密度小的织物质地疏松，图案表现要避免琐碎细腻的描绘，尤其是点、线的表现不宜纤细，否则会形成虚渺的视觉形象。在进行图案设计的时候最好以面积较大的块面表现；密度大的织物质地细腻厚实，图案纹样表现效果相对来说比较精细。

（四）花幅尺寸

花幅尺寸指的是图案纹样的规格尺寸，通常分为散花型和独花型两种形式。

1.散花型规格

散花型规格是一种四方连续型图案的组织形式，在实际生活中应用广泛，图案设计人员可根据纹样的构成方式和需求自行确定。花横向尺寸的大小取决于纹针、密度和装造形式等要素；花竖向尺寸可根据图案的尺寸来变动，运用增减木板的数量来调节画幅的长短；连续型图案横向尺寸取决于织机装造、纹针数量，其特点表现为便于裁剪和拼接，不过不能变动更改规格。

2.独花型规格

独花型规格的尺寸取决于织物的用途、织造设备，独花产品除极少数产品采用自由的构成之外，由于其幅度会受限于纹针，往往采用对称式的织造工艺。

（五）织物组织

织花图案是以复杂变化组织形成的肌理，构成统一的纹样造型。组织为织花产品形成纹样的唯一要素，经纱与纬纱在织物中相互交错、相互沉浮即形成织物组织。改变织物组织将对织物结构、外观以及性能有明显影响。在织花图案设计中，主要依据组织的结构特点来明确纹样的主次关系与明暗层次，如缎纹组织光洁明亮，平纹组织细腻暗淡，斜纹组织光泽适中等。组织的具体方法为：首先把织物组织的结构点描绘在意匠纸上，通过意匠纸的循环单元绘制出来。这种纸是由微小的方格组成循环连续印制的纸样，绘制出的单元经纬数，必须和整幅纱线的总数相吻合，只有这样，循环后才能构成整体的织物组织。

组织形式主要包括原组织（三原组织）、变化组织、复杂组织、联合组织以及大提花组织。

1.原组织

原组织为织物结构的最基本组织，包括平纹组织、斜纹组织和缎纹组织。其中，平纹组织是最简单的织物组织，是由经纬线相间交织而成。经线和纬线以1：1的比例交叉起伏，形成最牢固的织物结构，其特点表现为挺括、平整，外观具有沙粒感。斜纹组织是经组织点或纬组织点构成连续斜线，使织物表面形成对角线的纹理，构成斜纹的一个组织循环至少是三根经线和三根纬线，斜纹组织的光泽比平纹组织高，由于其以斜向的直线组合，所以在提花织物图案中往往采用以线组成线或以线组成面的表现形式。缎纹组织的特点表现为经线或纬线在织物中形成一些单独的、互不连续的经、纬组织点，这些单独的组织点分布均匀，并被其两旁另一系统的纱线所遮盖，使织物的表面形成一种平滑的面的状态。缎纹组织光泽亮丽，手感柔软滑爽。在织花产品中往往以一组缎纹组织作底部的基本组织，采用另一组缎纹组织作纹样的主花组织。

2.变化组织

变化组织是由原组织派生出的许多组织形式。由原组织派生出来的变化组织包括平纹变化组织、斜纹变化组织和缎纹变化组织三种。变化组织在三原组织的基础上，通过变化原组织的浮长、飞数、循环等因素而形成各种组织。

3.复杂组织

这是由多经轴和多梭箱复杂交织而成的织物，也就是由若干系统的经纱与若干系统的纬纱交织而成，使织物外观呈现出特殊的效应和性能。

4.联合组织

联合组织是采用两种以上的原组织或者变化组织，通过各种不同的方式或方法互相配合而成的组织。联合组织使织物的表面呈现几何形的小花纹，有着特殊的肌理效果。

5.大提花组织（大花纹组织）

大提花组织是用某种组织为地部，在其上表现一种或者数种不同原料、不同色彩、不同组织的大花纹循环的组织。

织花图案的形态和结构必须清晰严谨，要经意匠描绘工序才可以轧制纹板。意匠图纸要求非常严格，计算要十分精确。对图案描绘、接版都有明确的要求，图案不允许出现含糊不清、似是而非的形态。在织物组织中，原组织、变化组织、联合组织以及复杂组织统称为平素组织织物，通常用踏盘织机或者多臂机织造。平素组织织物的花纹往往是由几何形态组成，织花图案需经过专门培训的图案设计师来完成，大织花织物则必须在提花机上织造。

织花图案是依靠突出的花纹体现的，因织物受原料、组织、密度以及生产工艺等要素的影响，在进行提花图案设计的时候，必须充分考虑它们各自的特点，设计中织花图案要体现出结构严谨、形象饱满、花纹清晰等特点。只有在设计的时候充分考虑相关要素及条件限定，才能更好地实施设计方案，便于生产的顺利进行。

在织花图案中，太纤细和虚弱的纹样会使图案显得软弱无力、凌乱琐碎、缺乏视觉冲击力。所以，织花图案纹样造型要设计的充实、饱满、色彩丰富，这样一来织花图案才会有强烈的艺术表现力，才能凸显出提花产品的艺术风格。

织花图案设计要巧妙运用不同组织的明暗层次及肌理效果，把组织结构差异变换为图案形式语言。在织花图案设计中，艺术家应当根据形式美的规律对图案花纹进行排列布局、色彩设计以及技法表现，从而在有限的空间内，使图案主题更突出，使变化效果更丰富，达到层次分明、虚实结合、穿插自如的效果。

三、刺绣图案设计

刺绣历史悠久，在我国是比较普及的一种民间工艺。四大名绣各有特色，不管是应用于服饰、室内装饰还是生活用品，都兼具实用性和欣赏性。其中，苏绣的特点表现为色彩和谐、针法活泼、图案秀丽、绣工精细；湘绣的特点表现为色彩生动，形象逼真，质感强烈；蜀绣的特点表现为平齐光亮、浓淡适度、疏密得体；粤绣的特点表现为色彩浓而不俗，图案严谨，它们在生活中被广泛应用，为大众所青睐（图2-4-4）。

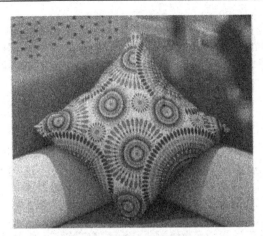

图2-4-4 传统刺绣抱枕

四、地毯图案设计

地毯主要用于覆盖和装饰建筑空间内部地面的一种比较厚重的，由羊毛或者其他纤维材料在棉或麻线上编织而成的织物。按照不同的使用场合，地毯可以分为卧室用、客厅用、楼梯用、走廊与舞台用、剧院用、会议厅用、宾馆用等类别。地毯的构图独特巧妙、色彩柔和绚丽、纹样华丽典雅，始终都是一种既具有实用性又具有观赏性的室内装饰物。

中国地毯艺术已经有两千多年的历史，其格局表现庄重肃穆、纹样富丽堂皇、色彩典雅。其纹样主题主要有玉堂富贵、平安如意、五福捧寿、国色天香等。中国地毯的基本骨架为米字格，四周环绕着三边，以团花占据毯面的中心部位，四个角隅是等边三角形的角云装饰，其设计突出中心统一、四周呼应的构图格局，这种设计思路和中国传统四平八稳的建筑风格、端庄稳重的环境空间相吻合。在色织上，中国地毯借鉴了中国传统工笔画中的渲染方法，画面立体感强且富有色泽感，体现出雍容华丽、古朴端庄、凝重高贵的风格。京式地毯在现代空间装饰的需求下，逐渐衍生出一些新的样式和风格。如单纯的素裹式、典雅的古纹式、淡雅的彩织式、豪华的美术式等。

从题材、形式、色彩及空间布局上看，现代地毯与传统地毯的风格有很大区别，它不受任何限制，其铺设和特定的室内装饰风格相呼应。现代地毯和现代建筑空间以及现代人的生活方式、审美情趣息息相关。在整体装饰格调上，现代地毯的主要竞争力来源于创新，现代地毯逐渐成为地毯领域中极富活力的后起之秀，不断地适应多元化社会和多样化个性的审美需要。

因地毯良好的实用功能及装饰功能，受到世人的喜爱。所以，地毯图案的发展和演变也渐渐地由粗犷变得细腻精美，地毯的图案造型可主要分为五类，具体如下。

（一）古典图案

古典图案的母题为传统的流纹样中的元素，以现代的装饰形式为法则，经过巧妙构思，组合成形式新颖的图案。古典型图案不仅具有传统的民族文化色彩，同时还适应现代审美的需求，体现出人们对传统文化的依恋情结和对现代艺术的审美品位（图2-4-5）。

图2-4-5　古典地毯图案

（二）自然田园图案

自然田园图案通过特定的形象组合，描述生活场景及故事情节，是以描绘自然田园风光为题材的图案，它使人欣赏图案中蕴涵的意境，具有文学性审美趣味，如狩猎、庄园生活和寓言故事等主题的地毯。

（三）写实图案

写实图案是运用概括、提炼的艺术手法，以自然界中美丽的景色及花卉为题材塑造形象的方法。这种图案不仅保留了原形象的基本特征，而且比自然形态更典型，具有现实形态的美感。写实图案使人沉浸在大自然风情中，运用自然形态美感创造意境。

（四）仿皮草图案

仿皮草图案是具有大自然野性情趣的地毯图案，它是模仿光泽媚人、触觉柔软的动物皮毛效果而制成的。这种图案风格散发出原始狂野的魅力，其题材纹样往往选择动物的图纹皮毛，如虎皮纹、豹皮纹、斑马纹等。仿皮草型图案展现出古朴原始的艺术风格，它充分运用现代科学的仿真技术，使模仿的皮毛质感和触感非常逼真。

（五）几何抽象图案

几何抽象图案是最富有创造力、最具活力的形式。它以抽象的点、线、面等几何形态为造型元素，在进行多种几何形态变化后，以明确、简洁、单纯的造型，组合成富有视觉情趣的、突出节奏韵律的、富于美感的图案。抽象图案有直韵、曲韵以及组合韵等构成形式，它们还可分为规则与不规则图案。其中，规则抽象图案富于秩序美感，不规则抽象图案自由灵活，轻松活泼，具有律动美感。几何抽象图案以现代室内空间设计为创作灵感，充满了抽象画的意韵。几何抽象图案的创作理念为追求时尚变化、展示个性化审美情趣，创作目标是将现代生活方式和审美情趣进行有机结合（图2-4-6）。

图2-4-6 几何抽象地毯图案

五、家用纺织品图案时尚化设计

随着经济的发展，阶层划分的"金字塔"顶端及底端在不断缩小，逐渐发展成为以中间阶层为主体的"橄榄型"的社会格局，世界人口趋于"全球中产阶级"，中间阶层是社会的主要消费阶层。越来越多的人解决了温饱问题，开始追求更高质量的生活。在消费生活中越来越关注文化和个性等消费热点。中间消费阶层的生活方式表现出同一趋向性。首先，他们追求时尚和品牌，品牌不只代表消费者的档次及价值，还可以体现出消费者个性、个人价值观和自信。其次，他们要求彰显个性，从消费方式、生活风格以及文化品位所主导的生活方式中就可以展现出来。最后，将家庭生活的地位提高到前所未有的程度，表现出对家的高度眷恋。

毋庸置疑，未来家用纺织品图案的设计将与消费人群的生活方式相契合。家用纺织品图案设计创新在美的基础上还需要关注人的生理需求和心理诉求，适应社会需求和市场需求，以科学技术作为设计的基础及动力。对于人的价值观念、个人品位以及审美趣味等文化性和精神性的诉求的考虑，让设计从一种物质性的设计手段提升到一种文化性的设计手段。

（一）家用纺织品时尚图案的设计动机分析

针对各个消费阶层的调查和分析发现时尚化的家用纺织品图案可以锁定中间消费阶层为主要消费人群。对于这一消费阶层的调查和分析，使家用纺织品图案时尚化的设计更有针对性和目的性。艺术设计作为和人类生活方式契合度比较高的生产活动，必须关注生活方式，同时二者互相影响和促进。家用纺织品作为人们家庭生活不可或缺的一部分，与人类生活方式的关系更密切。

家用纺织品图案时尚化的设计就是为了创造契合目标消费人群生活方式的图案。从目标消费人群的心理和生理方面关注消费需求，同时重视图案设计的美观性、实用性和文化性开发，还要重视与消费者的个性、室内整体家居风格等多方面的联系，推动目标消费人群生活方式向更为积极的方向发展。

从生产角度来看，家用纺织品图案时尚化设计有助于促进纺织技术的进步，扩大消费人群，刺激消费流通性的加快。针对国内外不同家用纺织品图案设计状况的调查，确定家用纺织品图案时尚化设计的进步空间，对家用纺织品图案各方面进行深入分析从而确定设计方向，了解消费者的心理需求，扩大消费人群。同时鼓励家用纺织品生产者加强自主创新性，并与国际化的时代潮流相衔接。

（二）家用纺织品图案的时尚设计

1.写实类图形向抽象、简洁化发展

现代快节奏、压力大的都市生活使人们向往大自然，因而自然类题材成为家用纺织品必不可少的题材之一。花卉树木或动画类图形以抽象剪影形式表达是非常常见的（图2-4-7）。

图2-4-7 自然图形抽象化设计的家用纺织品图案

2.传统图形和数字进程结合

许多作品都呈现了传统图案现代化的设计趋势（图2-4-8）。以印花图形与数字进程的结合为例。首先，花卉图形作为传统家用纺织品图案的代表融合数字扭曲，形成大理石花纹效果，散发出现代迷幻风格的气息，而且对称结构的数字印花是经典的纺织品图案样式，使花卉图案散发出后现代气息；其次，数字进程和传统工艺结合，如借轧染图案本身晕染所形成的色泽多变的效果再结合计算机技术，将图案进行重复、拼合或切割，形成万花筒式图案；再次，传统的条纹图案作为现代设计风格的代表性图案逐渐演变成未来风格及数字图案；最后，从其他国家传统纺织品中汲取设计灵感，运用崭新的图案和色彩为其注入现代气息，包括简化印度刺绣、类似瓷砖的精致繁华图案以及蜡染图案等，简化设计使这些传统纹样更加富于真实感和现代性。

图2-4-8 花卉图案设计

3.图形主题越来越丰富

如今，纺织品图案不仅包括花卉、鸟类等传统主题，还有动物皮毛、抽象手绘图案、不规则几何图形、文字等作为图形被应用在其中。真实动物皮毛出于环保和动物保护目的而运用得较少。同时，斑马纹、豹纹、鳄鱼纹、龟纹等纹样成为动物皮毛印花的常用纹样。纹样的放大或者缩小所形成的抽象纹样都非常具有现代感。就文字图形而言，不管是现代风格的印刷字体、复古或者古老的手写字体、还是来自旧海报或者香水瓶的印刷字体都被广泛运用在现代家用纺织品的图案设计当中（图2-4-9）。

图2-4-9　Gia Wang涂鸦字体抱枕（PUNK）

（三）家用纺织品图案构图结构时尚化设计

现代家用纺织品图案不仅采用满幅回位的构图形式，也会采用独幅定位印花构图形式。满幅回位作为家用纺织品图案的传统构图方式，因其严谨的构图形式及符合滚筒印花工艺的技术特点，成为家用纺织品图案最具代表性的特点之一。随着科技的不断发展，电子技术可控的数码印花为家用纺织品图案的设计带来了其他可能，如在床品上印制独幅设计图案变得简单易行。而且，减少了对于设计方式的限制，为其他艺术形式作用于家用纺织品图案提供了可能性，如独幅的画作、摄影等。

（四）家用纺织品图案表现手法的时尚设计

家用纺织品图案表现手法常用到传统水彩和水粉的绘画手法，随着绘画方式的发展，家用纺织品图案的表现手法也在拓宽，越来越趋于轻松自由。首先，设计师不再局限于一种绘画手段，而是水彩、油画、水墨、拼贴、电子打印技术相结合，在画面上呈现出矛盾却融合的视觉效果，在画面的丰富性及多样性上都有所提高。另外，这样的作画手法可运用在家用纺织品图案设计中，去创作独幅或循环回位型的家用纺织品图案。独幅图案的设计可以依照绘画的创作思路，强调装饰的美感，多与综合材料相结合运用。回位型图案则需注意单个回位和循环回位的关系，在框架的基础内运用多种创作手法相结合。其次，当代绘画方式也不再局限于纸笔等实质性载体的作画，电子技术、摄影技术、光影技术所创作的流动性、瞬间性或立体性的画作越来越多。这些作画手法对于家用纺织品图案的设计能够起到一定的指引性作用。而数码印花技术的发展为写实照片、拼贴手法等多种创作手法的结合提供了更多的可能性。在滚筒印花时代，表现写实照片式图案受到分色和制版的影响非常困难，而随着现代数码印花的发展，可将已创作的各种表达方式的图案转化成电子图像，再将图案直接喷印或转移到布料上，操作非常方便。

第三章 色彩的基本知识

自然界中有很多色彩，本章将对色彩的基本知识进行介绍，首先，对色彩进行概述，并在此基础上，进一步阐述色彩的视觉规律与人们心理感受。

第一节 色彩概述

一、色彩的三要素

在自然界中，人们眼睛所能看到的任何一种颜色有三个要素：明度、色相、纯度。

明度指的是色彩的明暗程度，也就是深浅度，在素描上则指的是明暗关系。

色相指的是色彩的相貌或者名称，如红、黄、蓝等。通过色相的区别，我们可以对色彩做出区分。

纯度（饱和度、鲜艳度），指的是颜色本身纯净的程度。纯度和色相是彼此依靠的，有纯度就会有色相，色相也会反映出纯度。

二、色彩的混和

原色也叫作一次色，指的是任何颜料都不能调配和组合出来的色，如大红、柠檬黄、湖蓝。

间色指的是用原色中任何两种颜色相混和而成的颜色。如红与黄、黄与蓝、蓝与红等混和而成的橙、绿、紫，即为间色。

复色指的是任何两个间色或者三个原色相混和而成的颜色。

三、色彩的对比

（一）冷暖对比

冷暖对比指的是因色彩感觉的冷暖差别而形成的色彩对比。色彩冷暖的对比如下。

（1）冷暖极强对比：暖极色和冷极色的对比，如橙与蓝。

（2）冷暖的强对比：暖极色与冷色、冷极色与暖色的对比。

（3）冷暖的中对比：暖色与中性微冷色、冷色与中性微暖色的对比。

（4）冷暖的弱对比：暖色与暖极色、冷色与冷极色的对比。

（二）色相对比

在任何物品的色彩设计过程中，色相对比都非常重要。相对来说，也是较为容易理解的。因为对于色相来说，它仅仅指的是"色"的变化，即两种纯色（饱和色）或未经掺和的颜色，在它们的强度上进行对比。两种纯色等量并列，色彩相对显得更加强烈。不管是民族服饰、民间美术、建筑装饰以及当代纺织品设计等诸多方面，强烈的色彩对比能够带给人更加深刻的色彩印象，进而产生美的效果。

在日常生活中，人们经常会有这样的感觉；那就是两个颜色分开看的感觉和把两个颜色放在一起看的感觉是不一样的。这是因为两种颜色并列时，双方各增加对方色彩的补色成分，如红色和紫色两种颜色并列的时候，红色增加紫色的补色（黄色）成分，感觉紫色稍带些橙色；而紫色则增加红色的补色（绿色）成分，感觉红色略带些紫色。红紫两色接近边缘的部分对比更为显著，而红紫分开放在不同位置时，两色不发生对比变化。

色相对比也会由于背景的不同而产生对比，这一对比指的是相同的色相在不同的背景上会产生色的变化，尤其是在由两个原色组合而成的两个间色之间对比最为明显。由于蓝色和黄色混合而成绿色，处于蓝色的背景上时，感到偏黄绿色，而处于黄色的背景上时，则感到偏青绿色。

（三）色量对比

所谓的量，也就是占比多少，这里的色量也是同理，即不同色彩因为所占面积不同，而形成的一种对比情况。不同的颜色因为所占面积不同，所产生的视觉效果完全不一样，这在纺织品设计的过程中一定要引起注意。在设计的过程当中，不同色彩的使用面积，一定要有主次之别。一旦颜色面积配置不当，就会导致本来调和的色彩因为过分调和而趋于单调，也会使过分刺激而破坏整体效果的协调。

在纺织品设计的过程中，为了提高色彩的效能，可采取色彩面积大小不同的对比。"万绿丛中一点红"即是色量对比的一个实例。"万绿"与"一点红"的色量对比，缓冲了红与绿刺激性的对比。在大片的涂色或可统一色调中采用小面积的对比，互相衬托，面积小的色彩引人注目，有画龙点睛之妙。

（四）纯度对比

在纺织品图案设计的过程中，色彩的纯度同样也是非常重要的一个考虑内容。纯度对比就是颜色所含灰度及其鲜明度的对比，用纯度较低的颜色和纯度高的颜色配置在一起，达到灰衬鲜的效果，则灰的更灰，鲜的更鲜。以灰色调为主的纺织品，可局部运用鲜色调，这样可使鲜色更加醒目，灰色调也显得明确。相反，如果画面是以鲜艳色为主，那么在中间夹用少量的灰性色，鲜艳会更鲜艳，效果更明亮。

色相在纺织品图案设计中是非常重要的，但并不是所有时候都是用色相来突出主体，有时候也需要依靠纯度和明度来突出主体。纯色总是鲜艳的、实的、重的、跳跃的，灰的色是不明显的、虚的、轻的、隐伏的，这是一般规律。

在纺织品图案中，色彩纯度很高的两种或多种色彩，因为对比强烈，所以在视觉上面会给人一种不太协调的感觉。如果一定程度上降低某一色彩的纯度，那么很自然的另一颜色的纯度就会升高，形成一种有主有次的效果，图案也会因为色彩的变化在视觉上更加协调。

纺织品图案的色彩设计一定要有主次，尽量避免使用多个纯度较高的色彩，因为这样会使色彩的主调逐渐模糊，主次不分明，导致的结果就是色彩鲜明，但不协调，没有美感。纺织品图案有一个纯度高的主色，其他为纯度低的颜色，协调统一的画面，对于大众的视觉体验来说，更加容易接受。

对于纺织品图案来说，纯度对比不仅体现在画面中两种颜色的对比，有时候也会受背景色的影响。位于纯度不同的背景上的同一色，在纯度比它低的背景上，看上去就显得鲜艳，而在纯度比它高的背景上，该色就显得较灰暗，这是由于纯度对比产生的感觉上的差异。因此，在图案设计的过程中，合理利用颜色纯度也会产生令人眼前一亮。

（五）明度对比

明度对比（色彩的黑白度对比）是色彩的明暗程度的对比，是色彩构成最重要的因素，通过色彩的明度对比可以表现出色彩的层次和空间关系。

四、色彩对比调和

（1）在对比强烈的色彩中，编排加入相应的等差色彩，使它在强烈的对比中有统一的节奏及秩序，从而减弱太强烈的色彩对人产生的刺激。

（2）在强烈的色彩对比中混入相同的第三色，使对比的双方建立相同的因素，以达到和谐。

（3）在强烈的对比下，需控制好平衡色面积的比率以求得平衡感。

五、色调

色调也是色彩中的一个重要的概念，色调是色彩的外观特征与基本倾向，决定色调效果的是色彩的三要素。火热的夏天，看见绿色、蓝色等色彩会给人清凉的感觉，寒冷的冬天，看见红色等色彩、黄色等色彩会给人温暖的感觉。

色彩给人不同感觉的例子很多，一般可分为冷色调和暖色调。而以色彩的三要素来看，色相方面，有红色调、黄色调、绿色调、蓝色调以及紫色调等；明度方面，有明色调、暗色调以及灰色调等；纯度方面，有清色调和浊色调等。如果将一些条件综合起来看，比如对明度和纯度的综合，还可分为明清色调、中清色调以及暗清色调等。

从设计师创作的一种作品的色调就能够发现很多信息。比如设计者的心理情感、个人偏好、性格趣味等内容。这些都是根据色调来推断的内容，再比如对一块布进行图案的设计，最先确定的这块布的整体色调，然后再设计画面和其他色彩的搭配。

第二节　色彩的视觉规律与心理感觉

一、色彩的视觉规律

（一）色彩的视觉生理机制

本质上来说，色彩是不同波长的光与物接触后形成的，人们对光的接收来自视觉器官。人们通过色彩来判断世界上所有物体的形状、空间、位置、肌理、大小等内容，并在此基础上获得视觉信息，形成感觉和对事物的判断处理。视觉是人们各种感官中最灵敏和最容易被吸引的器官，艳丽或对比强烈的色彩都能够吸引人们的视觉注意。

光传入人眼的情况有直射、折射、反射、透射、漫射等，由此人眼感受到物体的颜色和光泽等特征。视觉的产生需要光，眼睛所看到的事物都是光在物体上散射，投到视网膜上形成的图像，然后这些图像经过大脑的分析就形成视觉。入射光到达视网膜前，折射主要发生在角膜和晶状体的两个面上。因眼睛内部各处的距离都固定不变，只有晶状体可凸出，所以依靠晶状体曲率的调节能够使影像聚集在视网膜上。

（二）色彩的视觉生理现象

色彩的三要素在不同光源下产生复杂的变化时，在视觉生理上的反应也是复杂的。

1.视觉适应

视觉上的适应是视觉器官对环境的适应。视觉适应包括三种情况，具体如下。

（1）明暗适应。长时间在暗处，眼睛对黑暗适应后，如果一下子出现在光明的地方，会造成暂时的失明状态，约几分钟，这是眼睛的自我保护也是对外界的适应。这种现象在我们的生活中遇到的频率极高，从视觉的角度来讲，可以称之为明适应。与之相反的暗适应，即从有光的房间，进入黑暗的房间，眼前一片漆黑，但是稍等一会，就能适应黑暗，看清周围的事物。

（2）颜色适应。在室外的阳光下盯着一个物体看一段时间，然后回到室内的白炽灯下继续盯着，此时就会发现，视觉中白炽灯的光是黄色的，物体上也有黄色存在，这样的黄色要持续几分钟才能够消失，而室内的黄色光也变成了白色。这就是颜色适应，是人眼在颜色刺激作用下所产生的颜色视觉变化。

（3）视觉适应对色彩认识的影响。由于人周围环境的色彩和明暗变化是非常大的，因而人眼睛的视觉适应能力对于人适应客观环境的变化具有重要的生物学意义。人眼对色彩的准确判断与视觉停留的时间有密切关系。我们的视觉对颜色的感知，和颜色对视觉的刺激，都只有几秒钟的时间，只要这个时间过去，我们对颜色的敏感性就会降低，眼睛对色彩的感觉也会改变。对一种颜色长时间的注视，眼睛会自动减弱其纯度的感觉，具体的变化是深色会变亮，浅色会变暗。色彩视觉的最佳时间阈在5~10s。因此，在进行色彩的搭配设计时，设计师应从各种客观方面、生理机制、心理感觉等方面实行整体的比较和观察，综合考虑最终得到的色彩感受，以确定设计方案，而且要时刻注意对色彩的敏锐观察，牢记色彩的第一印象。

2.视觉后像

我们常说的视觉暂留现象其实就是视觉后像。外界的景物对视觉形成刺激，一旦停止，视网膜上的刺激不会马上消失，而且在眼睛视网膜上的影像作短暂停留后再消失，这种视觉现象被称为视觉后像。视觉后像的发生，是神经兴奋留下痕迹所致，也称为视觉残像。若眼睛连续快速注视两个景物，视觉就会产生相继对比，也叫作连续对比。视觉后像有两种：当视觉神经兴奋还没有达到高峰，因视觉惯性作用残留的后像叫正后像；因视觉神经兴奋过度而产生疲劳并诱导出相反的结果叫负后像。不管是正后像还是负后像，并非客观存在的真实物像，而是发生在眼睛视觉过程中的感觉。

（1）正后像。我们看到节日里的盛大烟火，不断地升起在空中炸开，形成各种造型点亮夜空。然而实际上烟花的爆炸只有一个点，剩下看到的光只是光在视觉上的残留，这些光连续起来就成了线。再如，如果人在电灯前闭眼3min，突然睁开注视电灯2~3s，再闭上眼睛，那么在暗的背景上将出现电灯光的影像。以上现象为正后像，即物体的形与色在停止视觉刺激后，还暂时有所保留的现象。电视机、日光灯的灯光都是闪动的，只不过是它闪动的频率非常高，大约100次／s，因正后像作用，我们的眼睛并未观察到。

（2）负后像。负后像反映的强弱和观察物体的时间成正比，观察时间越长，那么负后像越强。当长时间凝视一个红色方块后，再将目光迅速转至一张灰白纸上时，将会出现一个绿色方块。同理，灰色的背景上，若注视白色方块，迅速抽去白色方块，灰底上将呈现较暗（较亮）的方块。

3.视觉中的色彩对比

色彩对比指的是在视域中，相邻区域的两种颜色的互相影响，即两种以上的色彩，以空间或者时间关系相比较，可以产生显著差别。自然界的色彩都在对比之中，色彩的对比分为同时对比和连续对比两类，具体如下。

（1）同时对比。当两种或者两种以上色彩并置配色时，相邻两色会相互影响，结果使相邻之色改变原来的性质，均带有相邻色的补色，这种对比叫作同时对比。例如，同一灰色在红、橙、黄、绿、青、紫底上都稍带有背景色的补色。红与紫并置，红倾向于橙，紫倾向于蓝。相邻之色都倾向于将对方推向自己的补色方向。红与绿并置，红更觉其红，绿更觉其绿。色彩同时对比的规律归纳如下。

①亮色和暗色相邻，亮者更亮，暗者更暗；灰色和艳色并置，艳者更艳，灰者更灰；冷色和暖色并置，冷者更冷，暖者更暖。

②补色相邻时，由于对比作用强烈，各自都增加了补色光，色彩的鲜明度也同时增加。

③不同色相相邻时，都倾向于将对方推向自己的补色。

④同时对比只有在色彩相邻时才会产生，其中以一色包围另一色时效果最醒目。

⑤同时对比效果，随着纯度的增加而增加，对比效果最强的地方在相邻交界之处，边缘部分最明显。

（2）连续对比。当连续看两种色彩时，会将前一种色彩的补色加到后一种色彩上，这种对比叫作连续对比。如果我们先用眼睛注视黑底上的红色圆形10s，再立马将眼睛移到另一张白纸的中心位置，就会在那清楚地看到一个绿色的圆形，因前色的影响导致后色发生了变化。这种连续对比是在眼睛连续视觉后产生的，是视觉的"后像"。

二、色彩的视觉心理感觉

在日常生活中，人们可以看到各种各样的色彩，并对这些色彩做主观上的情感判断，但是这些色彩本身只是自然光线，是自然界中的客观存在，并没有主观的心理情感。人们对色彩的认识与传统文化相结合，在漫长的社会发展中，将色彩分门别类，使人产生强烈的情感倾向。在色相的分类中就有冷色调和暖色调之分，实际上冷色调就是使人感觉到凉意，比如蓝色能够让人联想起大海、蓝天，红色能够使人想到火焰、鲜血。这样不同的色彩就会产生对应的感觉，并在每一次看到或是提到这种颜色时都有相应的联想。总之，色彩给人的心理感觉其实是人们对色彩的主观反映。

（一）色彩的种类和心理效应

因为不同的色彩会使人们产生不同的心理效应，这一般都与人们自身的生活经验、社会文化习惯、个人的联想、个人的年龄性格等一系列因素有关。人们对色彩的认知由许多因素共同组成，所以产生的各种联想经过大脑的处理和判断产生了不同的心理效应，其中有普遍性的认知，也有特殊性的理解。

1.红色

红色比较特殊，尤其是在中国传统文化习俗中有不一样的含义。但作为现代社会的用色，红色又有相反的认知，而且在基本的色相中，红色是波长最长的颜色。红色可以使人兴奋，有热情、冲动的色彩张力，在各种颜色中又比较醒目，用做一些提醒用语的底色。红色还是温暖、关心、积极向上的颜色，如红丝带的标志。红色还有警示、危险、禁止等含义，像是交通信号灯中的红灯。

通常大红色较为醒目，如红旗、万绿丛中一点红；深红色往往用于衬托，有深沉、热烈的感觉；浅红色比较温柔、幼嫩，如新房的布置、孩童的衣饰等。

红色和浅黄色最匹配，大红色和绿色、橙色、蓝色相斥，与奶黄色、灰色为中性搭配。

2.橙色

橙色也是常见的色彩，是暖色系中的一员，是最温暖的颜色，比红色更加温暖。人们看到橙色都有幸福、满足、闲适等感觉。橙色可以联想到秋天金灿灿的黄叶和丰收的粮食与果实，这就让人充满了幸福感。而改变橙色的明度也会带来不同的感觉，比如加入较少的黑、白，橙色就会变得更加稳重，但是加入过量，明度太低会让人觉得植物在枯萎，明度太高又会让人觉得轻佻和苍白。

橙色本身的明度就十分高，因此在生活中常被用于警戒色，火车头、背包、登山服装、救生衣等常用橙色。除此以外，还有许多参厅会布置橙色，使顾客心情愉悦，提高食欲。此外，节日中橙色也作为喜庆的颜色与红色共同被使用。

橙色与浅绿色、浅蓝色相配，能构成响亮、欢乐的色彩。橙色和淡黄色相配具有舒适感。通常橙色不与紫色或深蓝色相配，因为会给人一种不干净、晦涩的感觉。因为橙色活泼、明亮的效果，常常被设计师用在服装的设计上，增加衣服的亮点，充分发挥橙色的特点。

3.黄色

黄色是色彩中最为明亮的颜色，黄色象征着照亮黑暗的智慧之光，具有灿烂、辉煌、太阳般的光辉。在工业用色上，黄色常用来警告危险或者提醒注意，如交通标志上的黄灯，雨衣、雨鞋等常使用黄色。黄色在黑色、紫色的衬托下可达到力量的无限扩大。淡黄色和深黄色相配，显得高雅；黄色和绿色相配，显得有朝气和活力；黄色和蓝色相配，显得美丽、清新。淡黄色几乎可以和任何颜色相配。

4.绿色

绿色是代表生命的颜色，它能使人联想到植物、成长、希望、鲜活，优雅又美丽。绿色可以容纳的颜色很多，也显得绿色格外有气度。绿色适合的人群非常广阔，不管是什么年龄的人群，在身上的穿着搭中点缀上绿色都会给人活力四射之感，显得活泼、大方。在绘画与装饰中，绿色亦不能缺少，因为它和许多颜色都能相融。还有一点，绿色对眼睛的疲劳能有所缓解，长时间使用眼睛的人可以多看绿色。

各个层次的绿色都会给人不同的感觉，与其相配的颜色也非常多，但是通常深绿色不和深红色、紫红色相配，因为会产生杂乱、不洁的感觉。

5.蓝色

蓝色是一种安静、纯美的色彩，象征着永恒和纯净，同时蓝色也是最冷的颜色。

蓝色在生活中的运用也十分广泛。医用的口罩、衣服、窗帘等都是蓝色的，还有用于装饰的各种事物，常常会显得安静、肃穆，但是蓝色也是代表抑郁、沮丧的颜色。

6.紫色

紫色是波长最短的可见光波。紫色是非知觉色，它在视觉上的知觉度很低，是色相中最暗的色。紫色给人的印象是美丽、神秘的。尤其在中国紫色曾经是帝王的象征。在一段时期内，紫色都是上层贵族才能使用的颜色，因此，它还显得高贵。而紫色有偏重女性的特征，一般提到紫色，大部分人都会想到成熟的女性，因此，紫色在商业中的使用受到限制。一般情况下，紫色在商业中仅作为点缀辅助的色彩，不会当作主色。

对于紫色冷暖色系的判断，是不一定的，有时是暖色，有时也会是冷色，因其明度在基本色中是最低的，也就相对来说显得暗淡和消极。紫色与其他颜色的搭配不多，与之明度对比最明显的是黄色，但是紫色的淡化却是十分出色的，一个暗的纯紫色只要加入少量白色，就会成为优美、柔和的色彩。随着白色的不断加入，产生出许多层次的淡紫色，而每一层次的淡紫色，都给人以柔美、动人的感觉。

7.白色

白色是所有可见光均匀混合而成，叫作全色光，象征着光明。白色是纯洁、明亮、干净的象征，有时也是单纯、美好事物的象征。在饮食上，如果只有白色可能无法引起食欲，如一盘清炒的莲藕，但是如果在其他菜中添加一些白色，就会显得清新爽口，如西芹百合。

白色不刺激，也不沉默，一般需要与其他色彩搭配使用，纯白色会给人以寒冷、严峻的感觉，因而在使用白色的时候，不会是纯白，常见的有米白、乳白、灰白、银白等，在其中稍微掺杂一点其他的颜色就会显得更加生动。白色在我们的日常生活中是流行的主色，可以与各种颜色搭配。

8.黑色

黑色是无光、无色之色。黑色是无色系的，一般情况下光线较弱或者物体反射光能力弱，在我们的视觉中都是一片黑色。黑色一般有两种心理效应，消极的与积极的。消极的效应在生活中更加常见，比如无边的黑夜，葬礼上的黑色装饰，人们会产生忧伤、悲痛、恐惧、担忧，甚至死亡等各种消极心理。而积极的效应一般是重大的场合中，身穿黑色显得庄严、正式、尊重。古代有些时期是以玄色为尊，所以黑色也有权力的象征意义。

9.褐色

褐色指的是土红、土黄、土绿、赭石、熟褐一类色，这是一种缓和的颜色，不再色相的基本色中。褐色最常见的就是土地的颜色，皇天后土是人们对土地的尊重，因此褐色是沉稳、厚重、坚定、恒久的颜色。许多动物皮毛和大树的树皮都呈现不同的褐色的效果，褐色也因此有保暖、厚实、防寒、保护的作用。在欧美的思想观念中褐色的皮肤代表着健康，且常年日晒的劳动者与运动员，他们的皮肤都类似于褐色。所以，褐色还象征着健美、勤劳、朴实、刚劲的特点。褐色是饱满肥美的象征，因为一些果蔬和肉类，如猕猴桃、红薯、土豆、花生、螃蟹等，它们几乎都是褐色，所以，褐色还有饱满、充实、肥美的感觉。

10.灰色

灰色与含灰色经常可以在生活中看到，数量非常大，富于变化，只要是旧了的、衰败的、枯萎的都会被灰色所吞没。不过灰色是复杂的颜色，漂亮的灰色往往要用优质原料精心配制才能够生产出来。所以，灰色也可以给人以高雅、精致、含蓄的感受。

（二）色彩组合和心理效应

人们对单独的一种色彩会产生一些心理效应，对色彩组合也会产生冷暖、轻重、华丽或朴实等心理效应。

1.色彩的轻重感

色彩能够改变物体的轻重感，其视觉心理感受和明度密切相关，这种感觉方式非常清晰。明度高的色彩给人一种轻的感觉，而明度低的色彩则会给人一种重的感觉。白色、浅蓝色、天蓝色、粉绿以及淡红等高明度色，往往会给人一种轻而柔的感受；而黑而暗的色则会给人一种重而硬的感觉。

在人们的日常生活中，色彩的轻重感应用普遍。比如说冰箱是白色的，会让人感到清洁、美观、轻巧；保险柜、保险箱漆成深绿色、深灰色，可能它们的质量和冰箱类似，但是看上去却要比冰箱重，给人们以安全感。在纺织面料的色彩中，浅色可以给人一种轻盈感，而深色则会给人一种厚重感。

2.色彩的冷暖感

实际上，色彩本身并没有冷暖之分，原因在于冷与暖是人们触摸东西后产生的感觉，而颜色是用眼睛看的视觉效果。不过生活经验表明，色彩是有冷暖感的，这是人类从长期生活感受中取得的经验：红、橙、黄像火焰,像日出,像血液,就会给人一种温暖感;绿、蓝、蓝绿,像湖水,像海洋,像冰川,像月光,就会给人一种凉爽感。在纯度上,纯度越高的色彩越趋温暖感;明度越高的色彩越有凉爽感;无彩色总的来说是冷的。

色彩的冷暖感在纺织品设计上有着十分重要的意义。夏天的冷色调服装给人一种凉爽感;冬天的暖色调服装给人一种温暖感。

3.色彩的沉静和兴奋感

深暗、混浊、寒冷的色彩,可以降低人的血压,减慢血液循环,使人安静;而明亮、艳丽、温暖的色彩可以使人的血压升高,血液循环加速,使人兴奋。可以引起人们精神振奋的颜色属于"兴奋色"。我国的节日习惯用红色装扮,认为喜庆,让人们心情愉悦。在这种场合,如果有人穿一身蓝衣服、黑衣服或者一身白衣服,就会让人觉得不舒服、不协调。蓝、蓝绿等颜色让人感到安静,甚至让人感到有点寂寞,这种颜色就叫作"沉静色"。从色彩的明度上看,中、低明度有沉静感;高明度色则会产生兴奋感。纯度对沉静和兴奋的心理效应影响是最为明显的,纯度越低,沉静感就会越强;而纯度越高,兴奋感就会越强。

4.色彩的朴实和华丽

色彩能够产生质朴感和华美感。通常我们认为,同一色相的色彩,纯度越低,色彩就会越朴实;纯度越高,色彩就会越华丽。此外,明度的变化也会产生这种感觉。高纯度、高明度的色彩显得华丽。因而,色彩是朴实还是华丽,主要是由色彩的纯度和明度决定的。

从色彩组合来看,色彩少且混浊、较深就会显得质朴;色彩多且鲜艳、明亮,就会显得华丽。色彩的质朴和华丽与对比度也相关,对比弱的组合有质朴感,对比强烈的组合有华丽感。所以,对比也决定了色彩是朴实还是华丽。除此之外,色彩的质朴或华丽与心理因素也分不开,通常朴实的色彩与静态、抑郁的感情有关;华丽的色彩与动态、快活的感情有关。

（三）色彩的联想

色彩给人的感受和心理活动的特点还包括色彩的联想和象征意义。当人们看到色彩时,往往会回忆起一些和这一色彩相关的事物,由此产生一系列观念与情绪的变化,即色彩的联想。

影响色彩联想的因素有很多,如观色者的个性、生活习惯、心理条件、经验、记忆、文化教育等因素,再比如民族、年龄、性别、经济地位等的差异因素。具体来讲，中学生看到白色，容易联想到墙、白雪、白兔等；成年人就可能会联想到护士、正义、白房子等。要想具备一定的联想能力，就应当认识并了解色彩的共同性联想。色彩的联想分为两种：具体联想和抽象联想。

1.具体联想

具体联想指的是由看到的色彩联想到具体的事物。例如，看到红色联想到火焰；看到橙色联想到橘子；看到蓝色联想到天空等。日本色彩学家冢田氏用83种颜色的色纸，对不同年龄、不同性别的人进行调查，表3-2-1即为被调查的男女小学生和男女青年对10种主要颜色的具体联想。

表3-2-1 色彩的具体联想

颜色	小学生		青年	
	男	女	男	女
白	雪、白纸	雪、白兔	雪、白云	雪、砂糖
灰	鼠、灰	鼠、阴暗的天空	灰、混凝土	阴暗的天空、秋空
黑	炭、夜	头发、炭	夜、洋伞	墨、西服
红	苹果、太阳	郁金香、洋服	红旗、血	口红、红靴
橙	橘子、柿子	橘子、胡萝卜	橘橙、果汁	橘子、砖
褐	土、树干	土、巧克力	皮箱、土	栗子、靴子
黄	香蕉、向日葵	菜花、蒲公英	月亮、鸡雏	柠檬、月亮
绿	树叶、山	草、草坪	树叶、蚊帐	草、毛衣
青	天空、大海	天空、水	海、秋天的天空	大海、湖水
紫	葡萄、紫菜	葡萄、桔梗	裙子、礼服	茄子、紫藤

2.抽象联想

抽象联想指的是由看到的色彩直接联想到某种抽象的概念。例如，看到红色联想到热情；看到黑色联想到死亡等抽象概念。通常儿童多产生具体联想，成年人多产生抽象联想。这就表示人对色彩的认识随着年龄、智力、经历的增长而发展。除此之外，男性容易想到客观事物，而女性容易想到自己的感受，见表3-2-2。

表3-2-2　色彩的抽象联想

颜色	青年		老年	
	男	女	男	女
白	清洁、神圣	清楚、纯洁	洁白、纯真	洁白、神秘
灰	忧郁、绝望	忧郁、郁闷	荒废、平凡	沉默、死亡
黑	死亡、刚健	悲哀、坚实	生命、严肃	忧郁、冷淡
红	热情、革命	热情、危险	热烈、卑俗	热烈、幼稚
橙	焦躁、可爱	低级、温情	甜美、明朗	欢喜、华美
褐	优雅、古朴	优雅、沉静	优雅、坚实	古朴、朴素
黄	明快、活泼	明快、希望	光明、明快	光明、明朗
黄绿	青春、和平	青春、新鲜	新鲜、跳动	新鲜、希望
绿	永恒、新鲜	和平、理想	深远、和平	希望、公平
青	无限、理想	永恒、理智	冷淡、薄情	平静、悠久
紫	高贵、古朴	优雅、高贵	古朴、优美	高贵、消极

（四）色彩的象征

色彩的象征性是一种思维方式，它通过高度的概括性和表现力来表现色彩的思想及感情色彩。各民族、各国家因环境、文化、传统等因素的差异，其色彩的象征性也有很大不同。充分运用色彩的象征意义，能够使所设计的纺织品具有深刻的艺术内涵，提升纺织品的文化品位。

举例来说：在中国，每逢佳节，红色居多，呈现一派欢庆热闹的气象；我国民间婚庆喜事都用红色，中国人以"红双喜"作为婚礼的传统象征。在欧洲，也有用颜色表示星期的习惯，如星期日为黄色或金黄色，星期一为白色或银色，星期二为红色，星期三为绿色，星期四为紫色，星期五为青色，星期六为黑色。

第四章　纺织品色彩设计与应用

在某种意义上，纺织品的色彩能够反映产品所处社会的文明程度。从古至今，中华民族从来没有停止过对美的追求，我们的祖先从大自然接受美的洗礼，又把他们的感受通过勤劳的双手融入各种各样不同的纺织品中，由此，便有了丰富多彩的服饰和各种色彩的装饰纺织品。纺织品不仅可以满足人们对于织物功能上的需求，而且在精神上还可以带给人们美的享受。

第一节　纺织品色彩和面料的关系

人们接触面料的第一印象是从色彩、花型、手感开始的，其中色彩和花型是影响面料外观最为直接、最为感性的因素，是面料的视觉风格。可以说，在纺织面料的设计中色彩、花型以及手感是设计的主体。人们在观察一个人的着装美观协调与否的时候，首先注意的是服装色彩搭配；人们在为家庭选择装饰面料的时候，首先会考虑面料的色彩和花型是否配套和协调。视觉风格的设计要求通过染色设计、色纱排列设计、印花图案设计、织物组织设计以及纤维原料设计等来实现。手感是由原料和织物结构决定的，进而影响到面料的力学性能及服用性能。因而，色彩设计和面料设计有着密切的关系，它们对面料的视觉风格和用途有着直接影响。

一、纺织品色彩与面料材质及花型的关系

（一）纺织原料的性能分析

纺织原料作为产品设计的基础，涉及纺织品的审美特性、使用性能以及经济性等方面。纤维材料的增加，促进了纺织品开发的多样化，使产品在品种上、形态上、功能上、用途上有很大区别。

1.化学纤维的特性

化学纤维分为再生纤维与合成纤维两类。再生纤维中以纤维素纤维比较常用，主要有黏胶纤维、铜氨纤维、醋酯纤维。合成纤维主要有聚酯纤维、聚丙烯腈纤维、聚酰胺纤维、聚氨酯弹性纤维、聚丙烯纤维以及聚乙烯醇缩甲醛纤维等。

（1）黏胶纤维。黏胶纤维的性能与棉纤维接近，吸湿性较好，容易染色。黏胶纤维织物具有良好的舒适性，颜色比较鲜艳，色牢度好。纤维强度比较低，湿强度更低，弹性回复能力差，不耐水洗，不耐磨，尺寸稳定性不好。为了克服黏胶纤维的性能缺陷，又研制了高强、高湿模量的黏胶纤维新品种。普通黏胶纤维通常作衣料、被面以及装饰织物，改性的黏胶纤维用途广泛，可用作高档服饰面料、医用产品等。

（2）醋酯纤维。醋酯纤维的纵向是有条纹的光滑圆柱体，横截面是椭圆形。相比于黏胶纤维，其强力低，吸湿性差，而且染色性也不好，不过手感、弹性、光泽、保暖性等方面比黏胶纤维强。

（3）聚酯纤维。商品名涤纶。涤纶的吸湿性差，作为内衣有闷热感。涤纶强度、模量高，弹性回复率较大，涤纶织物不容易起皱，尺寸稳定性较好，易洗、快干，但易起毛、起球。涤纶的染色性比较差，只能在高温、高压情况下，采用分散染料染色。涤纶的耐光性、耐热性能好，耐酸性好，而耐碱性较差，可利用这一性能进行碱减量处理。涤纶容易产生静电，所以织物易吸灰，不耐脏。涤纶用途较多，可纯纺，也可与其他各种纤维混纺、交织，织物花色品种多样，性能较好。

（4）聚酰胺纤维。商品名锦纶。锦纶密度不大，长丝可作轻薄的丝织物原料。其强度是合成纤维中最高的，因而耐磨性好，不过弹性模量不高，弹性回复性好。锦纶的耐光性和耐热性较差，耐碱而不耐酸，染色性能比较好，通常采用酸性染料进行染色。

锦纶用途非常广泛，长丝可以制作女性内衣、弹性衣裤、袜子以及装饰织物等；短纤维和棉、毛、黏胶纤维混纺后，有着良好的强度和耐磨性。锦纶还可以作为各种产业用织物。

（5）聚丙烯腈纤维。商品名腈纶。腈纶少量是长丝，大多数是短纤维。其密度小，质量轻，蓬松性好，保暖性好。腈纶的耐日光性、耐气候性非常好，化学性能比较稳定，往往用阳离子染料染色，纤维可以纯纺，也可以混纺，广泛用于制造腈纶绒线、毛型织物以及毯类织物等。

（6）聚丙烯纤堆。商品名丙纶。丙纶密度非常小，强度比较高，弹性非常好，比较耐磨，是一种强韧性纤维。丙纶不耐干热，耐湿热，吸湿性低，染色比较困难，色牢度差，通常用原液染色法染色，然而其具有芯吸作用，导湿性好，可以通过织物中的毛细管将水蒸气传递出去，纤维本身不吸湿，不过可以使皮肤保持干燥，因而适合作为运动服、强体力劳动的工作服及其他透水织物的原料。

（7）聚乙烯醇缩甲醛纤维。商品名维纶。维纶的性质类似于棉花。维纶的强度及耐磨性比棉花要好，吸湿性、保暖性较好，耐腐蚀、耐日光性好，不容易霉蛀。不过耐热水性差，弹性较差，织物容易起皱，染色性也较差，色泽不鲜艳，这些因素使维纶没有得到广泛应用。

（8）聚氨酯弹性纤维。商品名氨纶。氨纶是具有高断裂伸长、低模量、高弹性回复率的一种合成纤维，也就是弹性纤维。其耐汗、耐海水、耐酸、耐碱性能比较好，不溶于一般的溶剂。纤维的形式主要有裸丝和包纱两种。使用中为了避免皮肤过敏，不应当直接接触皮肤。包纱以四种方式进行包覆：单包覆、双包覆、包芯纱以及氨纶合股纱。氨纶不仅具有纤维性能，同时也有橡胶性能，广泛用于弹性编织物，在服装设计中用于反映某些特殊效果。

2.天然纤维的特性

（1）棉纤维。棉纤维的横截面呈腰圆形，纵向呈天然转曲的扁带状，棉纤维中腔内的残余物质有洁白、乳白以及浅黄等颜色，棉纤维的本色就是由这些颜色决定的。优良的原棉应当晶亮、洁白或乳白，富有光泽，原棉的色泽直接影响成纱色泽。

棉纤维吸水之后会膨胀，不溶于任何普通溶剂，但遇强酸易水解，且强度明显下降，对碱有高度的稳定性。在常温或者低温下，将棉纤维浸入18%～25%的氢氧化钠溶液中，纤维素吸收氢氧化钠，引起横向膨胀，横截面由腰圆形变成圆形，天然转曲消失，长度缩短。若对棉纤维施加张力，不使长度收缩，就可以改善纤维光泽，增加强力、吸湿性，改善纤维和织物的染色印花性能，该处理过程就是丝光处理。棉纤维的染色性能非常强，一般染料都可以染色。

棉纤维的吸湿性及透气性都比较强，面料作夏季服装凉爽、舒适。棉纤维有着良好的保暖性，是优良的御寒絮料，也可以作春秋季服装面料及各种装饰面料。纯棉织物有着良好的手感及穿着舒适性，不起毛、起球，耐用性强。

如今，人们培育的天然彩色棉花也被应用在设计中，颜色有土红色、浅黄色、深棕色、浅蓝色、墨绿色、粉红色、浅褐色等，其纤维的长度及强度足以用于纺织加工制成纺织品，有着独特的风格。由于彩棉有天然色彩，不需要经传统的印染加工，所以织物不受染料残存化学物质的污染，是一种环保型的纺织品。又由于其未被染料腐蚀，因而强度较高，坚牢且耐用。

（2）麻纤维。麻纤维中用于纺织工业的有苎麻、黄麻、红麻、亚麻、大麻以及罗布麻等。亚麻、苎麻、罗布麻经过适当的加工处理，可以织造高档衣料，还可以制作麻线、绳索、渔网以及军用品等。

大麻纤维是一种非常典型的绿色产品，它吸湿性好，散湿快，抗静电，手感柔软滑爽，没有刺痒感，抑菌效果好，可以屏蔽紫外线，耐热性好。

亚麻纤维截面为五角形或者六角形，纵向较平直，没有转曲，表面有横节。亚麻纤维主要用作夏季面料，产品主要有漂白布、混纺交织布、染色印花布以及色织提花布等。

苎麻纤维在麻纤维中是最长的，我国的苎麻产量居世界首位，苎麻素被称作"中国草"。苎麻横截面呈椭圆形或扁形，有明显的中腔，纤维表面有节、无转曲，有时有明显纵条痕。苎麻纤维具有吸湿散热、防腐抑菌等优点。在天然纤维中，苎麻纤维的强力是最高的，伸长最小，有着非常好的吸湿性、散湿性，所以麻织物夏季穿着凉爽、舒适。不过因为纤维刚性大、柔软性差，因而织物的弹性较差。

罗布麻是新开发的一种野生药用植物，它具有一般麻纤维的优点，此外，还具有丝般的光泽、良好的手感、一定的医疗保健作用，可以用于内衣、T恤以及衬衫等贴身类衣物和保健纺织品。

麻纤维织物的颜色由于品种和浸渍脱胶工艺的不同而有所不同。苎麻是青白色，经脱胶处理后成白色，着色效果比较好；亚麻是淡黄色；大麻、黄麻是黄白色；罗布麻是白色且有亮光，其织物色彩淡雅。

麻可以吸收大量水分，散湿比较快，透气性较好，断裂强度高，适合做麻袋等包装材料、地毯底布等；红麻为黄麻的主要代用品，可以做包装用的麻袋、麻布，也可以用于家用、工业用粗织物。

麻纤维可采用直接染料、活性染料以及还原染料染色。

（3）毛纤维

①羊毛。羊毛是纺织工业的重要原料，粗长的羊毛呈黄褐色，纤细的羊毛呈银白色。纤维长度方向有天然卷曲，横截面是圆形，根部粗，梢部细，表面有鳞片。鳞片排列的稀密和附着程度，对羊毛的光泽和表面性质有非常大的影响。例如，美利奴细羊毛，鳞片紧密，纤维细，光泽柔和。鳞片层的存在，使羊毛纤维有毡化的特性。

羊毛纤维的吸湿性强，弹性及回弹性较好，光泽柔和，保暖性较好，可织制精纺和粗纺呢绒及毛毯、毛毡制品、工业用呢等产品。在低温或者常温的情况下，弱酸及低浓度的强酸对羊毛的角朊不会有明显的破坏作用。不过羊毛不耐碱，若把羊毛放在浓碱、低温下进行短时间处理，会使鳞片软化并且紧密、平滑地贴在毛羽上，不仅使羊毛获得永久性的防缩效果，还使纤维细度变细、表面变光滑、强力提高、富有光泽、容易染色、色牢度好。

羊毛纤维易受氧化剂的氧化而破坏，过氧化物对羊毛的作用比较缓和，所以可以用于羊毛制品的漂白。羊毛纤维耐热性较差，耐低温性能较好。在日光下暴晒，由于紫外线的作用，羊毛纤维会发生降解，使强度降低，使其染色性受到影响。羊毛纤维中含有氨基、羧基，可以采用酸性染料、酸性媒介染料等。

②兔毛。兔毛密度小，保暖性好，不过兔毛卷曲少，表面光滑，纤维间的抱合力差，强力比较低，单独纺纱比较难，兔毛常和羊毛或者其他纤维混纺。兔毛缩绒性比较差，染色深度比羊毛浅。

3.差别化纤维的特性

差别化纤维指的是在原来纤维组成的基础上进行物理或者化学改性处理，使纤维在性能上得到改善，如原始色调、上染性能、光泽与光泽稳定性、抗静电性、热稳定性、抗起毛起球性、耐污性、收缩性、吸湿性以及覆盖性等。

差别化纤维可以分为异形纤维、易染纤维、超细纤维、阻燃纤维、高吸湿性纤维、抗静电纤维、抗起球性纤维、自卷曲纤维、高收缩性纤维以及有色纤维。在民用织物领域中异形纤维和超细纤维是最常用的。

（1）异形纤维。异形纤维有着良好的光学性能，无极光；有着柔和、素雅、真丝般的光泽；由于丝条表面积增大，相应增加了纤维的覆盖能力，使透明性有所减小；纤维的抱合力、蓬松性、透气性以及硬性增加；手感舒适，改性后提高了染色的深色感及鲜明性，使颜色更为鲜艳。异形纤维主要应用在涤纶、锦纶仿真丝以及涤纶仿毛产品中，还会应用在经编织物、中空纤维中。

（2）超细纤维。超细纤维的主要特征是清洁能力高，单纤维线密度低、直径小、结构紧密，纤维手感柔软、细腻，吸水性和吸油性高，柔韧性好，光泽柔和，保暖性和化学稳定性较好。因其性能，超细纤维往往用于仿真丝织物、高密防水透气织物、仿桃皮绒织物、洁净布和无尘衣料、高吸水性材料、仿麂皮以及人造皮革中。除此之外，超细纤维还应用在医用材料、生物工程等领域。

（二）色彩和面料材质的关系

面料作为表现纺织品色彩的载体，不同的面料即便是相同色彩也会体现出不同的色感及风格，或亮丽华贵，或柔和自然，或粗犷质朴，或厚实稳重。这些不同表现与面料的原料特点、染色性能、组织结构以及织物风格等相关。在进行纺织品色彩设计的时候，必须认识和了解纺织品的原料特点、结构、质地以及肌理，清楚色彩表现风格等方面对色彩的影响和着色后的视觉感受。

1.对纺织材料有影响的因素

（1）纱线的结构。纱线采用单纱或者股线，其捻度、粗细以及捻向等结构的变化会关系到织物表面色光的变化。通常来说，股线因条干均匀，纱线中纤维排列较整齐，表面毛羽少，光洁，因而光泽比单纱要好。

①纱线的捻度：在不影响纱线强力的条件下，捻度应当适中。如果捻度太小，纱线较粗，会影响织物表面的光洁程度，降低光泽；而由强捻纱织成的织物，因整理后纱线有退捻的趋势而发生扭曲，使织物表面有轻微的凹凸感，对光线形成漫反射，光泽比较差。

②纱线的粗细：纱线的粗细不同，色光效果有所区别。同样是棉织物，染色工艺相同，不过高支棉布和低支棉布的色光完全不一样，高支棉布细腻、光滑，色彩鲜艳；而低支棉布粗糙、厚重，色彩暗淡、朴素。究其原因，高支棉品质好，纤维长，纤维束整齐，反光均匀，纱线表面光洁，上色好，所以色感艳丽；而低支棉纤维短，纱线表面毛羽多，对光呈漫反射，所以色彩自然。

③纱线的捻向：纱线的捻向也会影响到光泽。S捻向与Z捻向的纱线对光线的反射情况是有区别的，由此，在织物设计时，可以把S捻纱和Z捻纱作经、纬纱并且按照一定比例相间排列，得到隐条和隐格织物。

（2）纤维的形态。并非所有纤维都有相同的截面形状及表面形态，其面料对光的反射、吸收、透射程度是有所区别的，会影响织物的色彩感觉。如果面料对光的反射比较强，那么织物表面的色彩就比较明亮；如果面料对光的反射比较弱，那么织物表面的色彩就比较柔和。同样色彩的棉布经丝光处理以后，纤维截面圆润、饱满，增强了对色光反射的能力，织物感觉更加鲜艳、亮丽，而没有经过丝光处理的织物，色彩鲜艳度就会低一些，感觉更加质朴、自然。

羊毛和蚕丝对光线的反射都很柔和，不过色光完全不同。丝纤维为长丝，截面呈三角形，反光性好，色谱齐全，通常比较亮丽，不过无极光，不刺目；羊毛纤维因表面鳞片的作用，对色光反射柔和，色彩感觉典雅、大方，有些织物表面有较长的浮长线，反光性好，色感高贵而舒适。故有经验的人根据织物表面的色光就能够比较准确地分析出织物的原料成分。

2.对面料质地有影响的因素

面料质地是由原料及组织结构来体现的。不同的原料所形成织物的风格是有区别的；不同的组织结构，织物表现的肌理感觉也有差异，原料与组织结构共同构成了面料的质感，也就是织物的外观及手感。

面料的色彩与质地有关。因原料与组织结构不同，面料吸收及反射光的能力也不同，面料色彩变化主要反映在色彩的明度及纯度变化上。从色彩的明度来看，表面光滑的织物，由于光的反射比较强，亮处色彩感觉淡，暗处色彩感觉浓，明度差异比较大；而对于表面粗糙的织物，色彩浓淡的感觉差异比较小。除此之外，色彩明度的变化也会带来纯度的变化。因而，同一原料的色彩表现内容也是不同的。从色彩的强弱来看，厚重的面料色彩可以强烈一些；轻薄的面料色彩可以柔和一些。有粗犷感的面料，色调可偏淡色；有细致感的面料，色彩适用范围比较广泛。无色彩系与各种面料配合都可以反映出面料的材质美。

面料组织设计为花色设计的基础，不同的组织，经纬纱的交织规律不同，织物表面经纬浮长线的分布也不同；不同的表面形态，如光洁、凹凸、起毛、皱缩等变化，使织物表面的纹理不同，对色彩和光泽有直接影响，不同组织的织物，对光线的反射不同，织物的质感也不同，使面料产生不同的审美情趣，对色彩的明暗、质地的薄厚、结构的松紧等有直接影响。

面料质地不仅会影响织物色彩，还会影响受众视觉与心理感受。

（1）面料细致且有光泽。如果织物表面反光能力强且色彩不稳定，就会给人一种轻快、光滑、活泼感，用色可以鲜艳一些，例如，丝织物中的缎类、棉织物中的府绸以及横贡缎等。

（2）面料表面细致无光泽。如果织物反光能力弱且色彩稳定，就会给人一种质朴、自然感，用色可以柔和一些，例如，棉织物、平纹细特毛织物、仿麂皮绒织物以及亚麻细布等。

（3）面料粗糙但有光泽。如果原料和组织配合有光泽，组织有一定规律，织物表面反光能力较强，而且色彩不稳定，就会给人一种粗糙、织纹清晰感，用色可以热烈一些，例如，直贡呢、强捻长丝织物以及化纤仿毛织物等。

（4）面料表面粗糙且无光泽。如果原料和组织配合光泽性差，或者组织规律性差，织物表面反光能力弱，色彩稳定，就会给人一种稳重、大方、粗犷感，用色比较稳重，例如，麻织物、缩绒织物、牛仔布以及粗平布织物等。

除此之外，织物的色彩设计还要综合考虑面料材质及具体用途。例如，冬季使用厚型织物，色彩主要为中深色；夏季使用薄型织物，色彩主要为中浅色；高档织物配色要沉着、典雅，通常不用原色；青少年和童装面料对档次要求较低，而要反映出明快、活泼的特点，应该采用比较鲜艳的色彩。有些时候为了反映出独特的设计风格及意图，也可以不按常规的设计方法，而是根据具体问题进行具体分析和变通。

3.面料风格和着色后的视觉感受

（1）面料风格。

①材质风格：如轻重感、厚薄感、软硬感、疏密感、毛绒感、光滑感、粗细感、凹凸感、透明感、蓬松感、褶皱感等。

②外观风格：如轻飘感、细洁感、粗犷感、光泽感、悬垂感等。

③手感风格：如刚柔感、滑爽感、冷暖感、挺括感、丰厚感等。

④仿生风格：如仿毛、仿丝、仿麻、仿革等。

织物使用的原料与组织结构等不同，其外观及材质风格就有所不同，着色后的视觉感受自然也有所区别。

（2）原料风格。棉织物着色后，色牢度比较高，色彩比较丰富，往往会给人舒适、自然、朴实、色泽较稳重之感。麻织物具有淡雅、柔和的光泽，因有着优良的热湿交换性能，经常作为夏季面料，故色彩通常比较浅淡，给人一种凉爽、自然、挺括、粗犷的感受。毛织物主要分为精纺织物和粗纺织物两类，色彩花型根据品种大类而变化，用色讲究稳重，通常采用中性色，明度、彩度不应当过高，色彩给人一种温暖、庄重、大方、典雅的感受，色彩比较深沉、含蓄，诸如女装和童装的鲜艳色，色光也非常柔和。丝织物有着珍珠般的光泽，薄型织物光滑、柔软、轻薄、细腻，色彩给人一种轻盈、华丽、精致、高贵的感觉，用色要高雅、艳丽、柔美，通常明度及色彩度比较高。中厚型的锦类、呢类、绒类等给人一种华贵、高雅感。化纤织物着色后色彩丰富，由仿生风格的要求，其色彩也富于变化。针织物表面存在线圈，有起绒感，不管采用鲜艳色还是稳重色，都给人柔和的感觉。

（3）色相。色相的选择也和面料的风格分不开，不同面料的配色要和其风格相协调。比如，要反映织物的柔美和轻飘感，应当搭配较浅淡的色彩；要反映毛绒感和蓬松感，色彩纯度就需要降低；要反映深沉、丰厚感，可以选择较深色调；要反映滑爽感和温暖感，色彩适合采用偏暖色调。相反，同一色彩应用在不同面料上，表现的风格也有所区别。如同一种黑色，中厚型织物的大衣呢、单面花呢等给人以温暖、庄重之感；薄型织物的乔其纱、双绉则给人以轻柔、飘逸之感；薄型的凹凸织物，如绉纱、真丝绉则给人以高贵、典雅之感；而中厚型的凹凸织物则给人以立体、浮雕之感；光滑的细洁织物，如府绸、贡缎、真丝缎等给人以华丽、富贵之感；粗犷的织物，如麻纱、水洗布、牛仔布等给人以古朴、自然之感。

（三）色彩与面料花纹图案的关系

1.花型的产生、分类

面料的花纹图案和色彩密切相关。可以采用漂白、染色、印花、色织等方法对面料的色彩进行处理，分别得到漂白织物和各种平素色织物及扎染、蜡染、印花、条格、小提花、大提花等织物。花色的形成涉及织物组织和染色工艺，具有花型图案的织物包括以下三种。

（1）织物采用一种组织，而在经纱或者纬纱中，或者经纬纱同时配置两种或者两种以上的不同色彩，从而形成各种图案。

（2）经纬纱是一种颜色，不过采用不同的组织或者印染工艺，从而形成各种图案。

（3）织物不仅采用多种组织，还采用不同色纱排列，从而产生各种图案。

漂白及染色织物大部分采用同一种组织织造，织物是素色的，不过当采用各种小提花组织时，织物表面会呈现由组织形成的花型图案，这种情况下，组织发挥着主导作用。印花织物主要通过各种印花方法和色彩在织物表面形成花型图案，这种情况下，染色工艺发挥着主导作用。色织物可以是色彩发挥主导作用，如条格花型，当然也可以是组织发挥主导作用，如提花花型，还可以是组织和色彩同时发挥作用，如配色花纹图案。除了漂白、染色织物以外，大多数面料表面花型的色泽及图案清晰明显，可见花色的变化是面料设计的重要因素，不同花色的面料可以形成不同的审美情趣。

花型分为具象写实纹样、抽象几何纹样以及各种纹理效果的纹样。写实纹样大多数是印花或者大提花织物；几何纹样还可采用色织小提花形成。面料的花型有大花型、小花型、满地花、清地花等配合方式。大花型面料包括大花、点、条、大格型，具有热情奔放的情感；小花型包括小花、点、细条、小格型，具有文雅、细巧、柔美的情感；满地花面料花型丰富多彩，给人以热烈、亲切之感，往往用于中低档面料的设计；清地花面料素中有花，花型精细，花地结合，给人以轻柔、理性之感，往往用于中高档面料的设计。纹理的设计十分灵活，通常取材于自然现象、动植物以及各种材料，通过绘制、构建组织结构、特种纱线以及各种印染后整理等方法进行设计。

2.花型的配色

花型的配色包括色彩数量的变化和色彩属性的变化两种情况。具体来说，色彩数量的变化就是指花型采用一套色、两套色至多套色，颜色越多，就会显得温馨活泼；颜色越少，就会显得沉稳典雅。色彩属性的变化，如对比色的配色，织物具有较强的视觉效果；同色或相近色的配色，织物具有柔和、沉稳的视觉效果；高明度的配色，显得明亮；低明度的配色，显得深沉、庄重；暖色调的配色显得温暖；冷色调的配色显得冷淡、寒冷。

在设计中，主辅色调问题是必须要考虑的。通常来讲，如果面料花纹的面积小，地部大，主色调采用地色；如果花纹面积大，地部少，主色调采用花色。主色采用流行色，其色相与色光为设计重点，辅色设计要和主色相互配合，点缀色用于协调花型，可以采用类似色或者中性色，如灰色、蓝色与蓝绿色搭配；驼色、咖啡色与红色、棕色搭配；稳重花型与深暗色搭配；活泼花型与浅淡色和鲜艳色搭配，等等。

应用于不同场合的不同面料的纹样的感情特征有所区别，而且还会受到不同地区、民族、人群、文化背景等的影响。以丝织物中的缎类为例，经常采用写实纹样的大花型，花型生动、富于变化，线条优美、流畅，织物的光泽明亮、手感柔滑，可应用于旗袍、被面等的制作，充分展现了中国传统面料所具有的特点；运用多种色彩花卉图案的丝绸印花面料，可做女式服装，显得美丽轻柔，飘逸动人；薄型印花棉织物中较小花型的织物可以做裙子和衬衣等，配色主要体现柔和、淡雅；若做童装，色泽可以选择鲜艳色，体现出活泼好动的特点；大花型织物可做装饰面料，根据具体用途配以色彩变化，有的活泼可爱、有的温馨舒适、有的素雅大方；独具特色的扎染、蜡染面料做服用或者装饰织物非常富有民族特色；几何图案比较多变，给人以浪漫、抽象之感，装饰效果较强。

花型性格通过面料不同的原料、组织、花型、色彩等构成得以体现，纹样色彩的明快和沉静、粗犷和精细、质朴和华丽等风格变化，使面料设计有丰富的素材，对其加以巧思设计，可以使色彩、花型更好地应用在织物上。

二、色彩与面料用途及功能的关系

按照纺织品的用途，可以将生活用纺织品分为服装用纺织品、装饰用纺织品和其他功能纺织品。不同用途产品的设计要求有所区别，不仅要考虑织物材质和结构方面的因素，还要考虑色彩设计，色彩在不同用途、不同功能纺织品中的作用是不可忽视的。

（一）色彩与服装用纺织品

服装用纺织品主要指的是服装。若要让面料与服装相互协调，不仅要开发面料新品种来提高质量，还要根据服装要求设计面料以符合服装的使用要求及当前的流行趋势，只有采用了特定的面料设计，包括原料设计、组织设计、色彩设计以及图案设计等，才能够满足设计意图并且得到最好的效果。除此之外，对产品进行适当后整理和深加工，可提高其附加值。

色彩是服装的第一印象，相较于款式和面料质地，色彩具有更加鲜明的视觉效果。服装的色彩是通过具体的面料来体现的，它应用于织物中的作用主要如下。

1.色彩的情感功能

人们对不同色彩所产生的情感是有差异的，如红色会使人想到太阳、火焰，给人以温暖、喜庆、激情之感；蓝色会使人想到天空、大海，给人以凉爽、洁净、理智之感；绿色会使人联想到草地、春天，给人以宁静、平和、生机盎然之感。尽管人们的经历及生活经验影响了对色彩认识的统一，不过因生理因素的作用，对色彩的冷暖、轻重、强弱、明暗等又有类似的心理感觉，对于面料的色彩设计有一定影响。

不同的面料，色彩的轻重感会给人不同的感觉。中厚型织物色彩往往采用暖色调或者深色调，给人以温暖、高贵、庄重之感；柔软、松结构的织物采用浅亮的色彩，给人以轻柔、飘逸、滑爽之感；粗厚的面料采用深色调，给人以厚重、结实、紧密之感。

影响人们对面料的心理感觉变化的因素还有色彩的纯度和明度。同一色相的色彩，其纯度越高，就会显得越华丽，给人以明快、兴奋之感；其纯度越低，就会显得越质朴、忧郁、沉静。如果纯度相等，明度越高就会显得越华丽，明度越低就会显得越质朴。而不同面料对色彩的感觉也不同，如缎纹丝织物因本身亮度高而显得华贵，再加上高纯度色彩，感觉更明显；粗支平纹的棉或者麻织物感觉自然、质朴，再加上低纯度色彩，给人以淳朴、原始之感。

2.色彩的装饰功能

面料的配色复杂多变，有的配色给人以美的享受；相反，有的配色繁乱，这种结果取决于对色彩美的规律的把握，如色彩的调和美、对比美等。色彩美的规律体现了色彩对面料的装饰功能，这种装饰功能还体现在穿着对象、使用环境、流行趋势、产品发展以及用途等方面。综观不同的使用场合的面料色彩，晚礼服和舞台服的配色明度及配色纯度高；休闲服的配色明度及配色纯度低。综观不同使用对象的面料色彩，服装色彩的装饰功能还应当服务于不同的穿着者，要适应于穿着者的性别、性格、体形、肤色、年龄、脸型等。中老年服装配色要淡雅、稳重、柔和、大方，主要采用中性色，色彩的明度、纯度要低一些，从而反映出温和、庄重的特点；而童装可以用对比配色，色彩纯度要高，反映儿童天真、活泼、好动的特点；流行时装配色要反映流行色的趋势，符合青年人的特点。

3.色彩的民族性、区域性以及象征性

因受到民族文化、自然环境以及政治、经济等各方面因素的影响，不同国家、不同民族、不同地区的人们对色彩的喜爱和追求有所不同，色彩也就有了需要加以区分的象征性。比如，在中国古代，黄色象征着权力，红色象征着喜庆、吉祥。

服装色彩的象征性还体现在各种制服上，警服、军服、学生服、运动服以及各种工作服的色彩识别标志都十分明显。

（二）色彩在装饰用纺织品中的功能体现

如今，纺织品用于装饰的比重越来越高，在质量及品种上也有明显的改变。发达国家装饰用纺织品的特征主要表现为品种多样，从原料、组织、花色以及整理等方面进行设计，通常采用大提花组织、变化纱线密度的织物、粗制仿呢类花式织物、宽幅印花织物、绒面织物、提花针织物、特种涂料印花织物、遮光织物、色织与印花重叠织物、阻燃织物、拒水织物以及隔热织物等。

装饰用纺织品设计需要全面考虑其艺术性、实用性以及配套性。艺术性为装饰用纺织品的第一要素，它主要反映在图案与色彩上。图案设计包括平面印花、金箔印花、发泡印花、起绒印花、贴花、绣花、剪花、轧花以及提花等。色彩设计的艺术性和实用性与织物的功能有关。比如窗帘的

设计，利用色彩变化能够表现出四季的情调。春秋季可以采用明度高的浅色调；夏季可以选用绿色、蓝色等偏冷色调；而冬季可以选用偏暖色调，如橙色系列。色彩还可以反映窗帘的功能。采用较深色调，能够获得良好的遮光效果；如果选择质地轻薄的面料，能够达到良好的透气性。色彩还能够表达使用者的性格。活泼开朗的人往往会选择暖色调，在花型上，他们往往选择大花型图案、多变的印花、华丽的织锦图案；而文静内向的人往往选择高雅的提花、细小的碎花图案，选择柔和的色彩，如淡紫色；追求个性的人，往往会选择有创意的朦胧色彩或者自然色彩。

在装饰用纺织品的色彩设计中，设计者需要考虑统一性。纺织品的色彩和风格要适应室内大面积色调，在选择色彩图案的时候，应当考虑室内其他装饰面料的色彩，尤其是要适应于沙发、床罩、地毯等的色彩，给人以和谐统一之感。在室内装饰中，色彩设计具有改变或创造某种格调的作用，会给人们带来某种视觉上的差异及艺术上的享受。

（三）功能性纺织品的色彩应用

功能性纺织品最关键的是其使用功能，所以，必须注重纺织品的性能设计。很多功能性纺织品因使用环境及各种特殊要求，色彩设计也是特别重要的，即纺织品配色旨在实现某种特殊使用要求。使用要求不同，对纺织品色彩的机能要求也会存在差异。

下面从两方面来分析色彩的功能，一方面从物理的角度，利用面料色彩对光的吸收、反射性能，对生物体加以保护；另一方面从生理的角度，根据人对色彩平衡的要求，对视觉加以调节或者利用。

1.色彩的保护功能

众所周知，夏季穿浅色的服装比深色的更凉快，冬季则通常穿偏深色的服装。究其原因是：在光照充足的条件下，吸收热量的程度会随颜色明度的变化有所改变，颜色越浅，吸热越少；颜色越深，则吸热越多。

在服用领域的色彩设计中，可利用色彩达到服装的特殊要求。传播性能好的色光及可视度高的配色，可吸引人们的注意。例如，森林防护作业服、登山服等通常用橙色、橙红色，颜色显目是为了便于救助；环卫工作服用橙色条和涂银灰色的荧光条相拼，是为了无论在白天还是夜晚都可以被清楚地看到，以免发生交通事故。

自然界的色彩非常丰富多样，在军事领域中，服装配色有非常大的讲究，迷彩服的配色与图案是作战中的一种保护色及象征色，也就是说，在不同的环境中迷彩服的色彩是不同的。沙漠地区倾向黄色的同类色配置；

而热带雨林地区则偏深绿色和浅绿色；空军服为天蓝色搭配白色。

在某些领域如医疗、食品加工、制药、精密加工等行业，对卫生要求非常严格，服装往往用白色或者浅色，一是为了从心理上有一种洁净感；二是因为白色不耐脏，提醒人们要经常洗涤，从而保持清洁。反之，在工作环境对服装污染严重的行业，诸如矿山、建筑、冶金等行业，工作服就要求耐脏，配色要根据对比的原理进行设计。

2.色彩的协调功能

当人们看一种颜色很长时间，再把视线移开，眼前会出现这种颜色的补色。因而，医院手术室医生的手术服设计为浅灰绿色，就是为了平衡血红色造成的过量刺激，有效地缓解视觉疲劳，减少失误。由于补色在色彩中有着特殊的表现效果，设计过程中巧妙运用就会产生良好的效果。

第二节 色彩在色织物设计中的应用

一、色织物色彩配合的基本规律

织物的色彩、图案和组织构成了色织物的效果。图案的排列、织物的组织和颜色要从整体到局部统一变化。在选择色织物的色彩时，要保证其不单调、不杂乱，色彩是色织物设计的重要组成部分，色彩处理在很大程度上决定着纺织品的整体设计效果。

（一）纺织品色彩设计的构思过程

在色织物配色过程中，设计师应当根据不同品种、不同对象的特点选择相应的配色方案。颜色是否漂亮，不取决于运用了多少种颜色，而是取决于颜色搭配的合理性，流行色使用的协调性，运用得是否恰当。纺织品的色彩设计构思可以认为是一种思维活动，是对客观事物的一种思考。它需要全面考虑色彩的基本知识、人的视觉生理与心理、面料的实用功能及装饰功能、面料材质的风格等因素。

1.从自然和社会环境中找寻色彩灵感

人们要想在客观事物中找寻新的色彩形象，主要有两种有效途径，一是从丰富多彩的大自然中得到色彩灵感，二是从社会环境中收集素材得到色彩灵感。除此之外，使用对象、民族风情以及相关艺术环境也会使人们受到一定的启发。

之所以说可以从自然界得到色彩灵感，是因为自然界含有非常丰富的色彩资源。需要进行色彩构思的设计师，必须懂得如何发现色彩规律，吸收其中的艺术营养，做出适当的变化和组合，并将其应用于织物色彩设计中。

色彩中的色调属性一直是国际流行色彩的主要内容，如今越来越受到人们的重视。例如，接近自然、柔和的中色调；青草嫩芽的绿色色调；大海蓝天的蓝色色调……现代社会，人们无时无刻不在感受着社会的发展变化、快节奏的生活方式，这些都在潜移默化地影响着人们对色彩的感受与追求，并逐渐形成个性化的色彩趋势。例如，银灰色和棕黄色系列具有温馨感和感官效果，给人以奢华感；驼色系列具有变化的色调，能产生丰富和谐的氛围；树脂绿、香蕉黄、胭脂红能表现出幸福感和对个人自由的向往；灰蓝色调给人以平和、宁静、大气的感觉。

除了上述因素以外，人们的色彩观也会受社会因素的影响，不同的社会环境可以形成不同的色彩流行特点。设计者需要认真观察生活和社会，丰富自己的感受，同时还要不断地积累、收集设计素材。中国是一个多民族的国家，幅员辽阔。不同的地理位置、自然环境、气候以及风俗习惯导致人们对色彩和服装的偏好有所不同。考虑到这些复杂的社会现象，无疑有利于纺织品的色彩构思与设计。

实践表明，面料的色彩与面料的应用是密不可分的，三大应用领域的织物对色彩的追求是有差异的。在服用织物中，由于服装功能的不同，可分为多种服装的类型，如职业服、家居服、休闲服以及运动服等。设计师应从中获得一些启发，针对不同种类的服装，进行不同的色彩设计。

设计者在构思纺织品色彩的过程中，必须要考虑流行色的合理运用。身处于不同时期的人们所喜爱的色彩是有所区别的，当某些色彩符合当时人们的爱好和心理要求的时候，这些色彩必然存在感染力，就会容易流行于大众，而且还决定了不同风格织物的色彩设计。故设计者要完成纺织面料的色彩构思，就需要全面分析色彩流行的规律，把握流行色的知识并加以灵活运用。

概括来说，色彩构思的灵感来源于各个方面诸如自然环境、社会生活、使用对象、民族风情以及相关艺术等。这些色彩资源中，只有能够引起人们共鸣的色彩才能得到真正的认可和流行。纺织色彩设计要把握织物的应用和流行色的趋势。在此基础上，要巧妙运用各种设计手法和运用美观、新颖、实用的面料。

2.色彩构思的运用

纺织品包括天然纤维织物以及各种化学纤维织物。不同的纺织面料有不同的颜色特征。它们是实用的工艺品，也是艺术创作与科学技术结合的产物。设计师要合理运用色彩概念，充分发挥想象力。一般来说，色彩构思包括以下方面。

（1）设计师需要熟悉掌握色彩的基本知识，对于色彩协调的规律有充分把握，明确认识不同色彩对人身心的影响。例如，颜色和季节相关联，春夏色彩明媚，秋冬则温暖厚重。

（2）设计师需要充分了解不同面料的风格，并明确色彩变化规律，使色彩设计能够符合产品风格的要求。根据典型产品进行颜色变换和设计。例如，棉织物色彩丰富，种类繁多；毛织物色彩高雅，使织物不会看起来廉价；真丝织物色彩鲜艳，给人高贵富丽的感觉。

（3）设计师需要了解各类织物的花型特点，并清楚各类织物的花型、图案以及色彩风格等。

（4）设计师需要及时了解并分析研究国内外花色品种的流行趋势，掌握畅销品种的特点、不同地区的风俗习惯、色彩偏好以及气候条件等，使设计具有针对性和客观性。此外，可以对国际上流行的颜色进行筛选和调整，制成一套用于染色织物的流行色谱图。另外，要研究服装款式，使面料的颜色和款式能反映服装的特点。

（5）设计师需要研究各种面料的外观效果，对于色彩变化规律有非常清楚的认知，对各种面料的适用范围和面料规格要求也要相当清楚。

（6）设计师还需要充分了解织物的生产工艺，及时了解新技术、新原料、新设备、新工艺的发展变化，使色彩设计与面料设计相适应，使产品具有其独特的吸引力。

（二）色织物色彩配合规律分析

色织物是用染色纱线织造的织物，各种花色品种可以通过织物组织的变化与色彩的配合来得到。由于生产设备的局限性，染色织物在造型和图案设计上不如印花织物灵活、生动、多变和广泛。但是，色织物可以通过织物结构和纱线颜色的变化产生不同的美感，织物的纹理和色彩相互衬托，使色织物的图案充满立体感和自然感，具有较大的设计空间。

色彩配合在色织物艺术处理中是不可忽视的一个环节，设计师可以为每一大类色织物设计多种织造图案。每种织造图案都可以与许多色调相匹配。在对同一套色的配色进行设计时，色彩可多变，比如说，改变点缀色或地色、改变一部分或全部经纬色纱排列等。不过，需要特别注意的是，同一套色内的各对应部分，如地色、花色、点缀色的格型大小和色纱的明度、纯度等应当不作任何改动。

1.确定整体色调

人们在挑选商品的时候，首先映入眼帘的是织物的整体色调，即主色调，接着才会注意到织物具体的花纹图案、手感以及原料等因素。织物的颜色有的漂亮、活泼，有的优雅、稳重、含蓄。可按照不同的产品用途及不同的服装款式来加以区分。比如说，通常情况下，薄型棉织物用作夏季面料，色泽通常为中、浅色；用于裤子的织物色调通常为中深色、中色、深色。在确定好整体色调之后，还需要考虑色彩色位的配套和用色的比例，具体如下。

（1）色位的配套。一般来说，色织物的色相是几种颜色的简单组合，如横竖条纹、大小方格、大小方格的嵌套、几何图案的变化等不同的色彩效果。通常，色织物的每一个图案都配上3~5个色块。色织物的图案和类别发生变化时，色位可以增加，但色位之间的协调必须引起重视。在色织物的设计中，有许多因素是可以改变的，如纱线的颜色、排列顺序、排列元素的数量和织物的组织，同时也要注意色彩的亮度、纯度和层次，用以适应色彩设计中确定的主色调。

（2）用色比例。用色比例是指底色、陪衬色、点缀色的比例。设计者在进行设计时，应当注意，在整个色纱排列中反映色织物主色调的色纱要占优势。换句话说，在整个织物中，主色所占的面积应当是最大的，其中也有特殊的色调需要进行适当调整，陪衬色主要发挥的是衬托作用，需要突出主色，赋予织物立体感，故不可以太夺目而喧宾夺主。点缀色发挥点缀作用，故明度、纯度应高。

说到主色调，就不得不提及双色调，双色调是通过两种色彩来体现的主色调。如果组合色为对比色调，那么主色调应该是黑色和白色。如果织物的颜色是几种颜色的组合，其中包含一种常见的光谱颜色，并且往往具有某种颜色的倾向，那么色调就是基于这种颜色的。例如，某一颜色包含橙色、黄色和绿色光谱颜色，其中黄色倾向更强，基调就是黄色。

2.色纱配合方法

如果在色织物设计中有三种或三种以上的色纱排列，则需要考虑颜色搭配是否协调。在色彩对比、光影对比、环境对比和面积对比的设计过程中，如果各方面处理得当，就会使对比和谐统一。

（1）对比色的选用。一般来说，对比可以反映出色彩的感染力，当色相环中的对比色处于相对位置时，颜色对比度将非常强。除了两种对比色调之间的关系外，颜色对比还体现在颜色并置时的色相、亮度、纯度、面积等方面。这些因素会使视觉对色彩之间的感知差异更加明显，构成色彩对比，往往给人以更强的视觉感受。在设计过程中，要突出主色，使其成为织物外观的主色。同时，还需要选择合适分量的二次颜色进行对比。需要注意的是，颜色的亮度不能太接近主色。为了使图案清晰，必须区分强弱。色纱搭配时，适当运用对比色能产生活泼的感觉。

如果明暗相近的两种颜色相互配合，就能达到和谐的效果，这种织物能给人一种稳定的感觉。缺点是容易使图案模糊，从而形成僵硬感。此时，可以嵌入少量不同色调的纱线，使织物在混纺中形成对比。色距较短的颜色容易形成和谐安静的效果。如果你想让它有一个变化和生动的感觉，可以增加亮度。需要注意的是，明暗度不能相差太大，可以采用同色相过渡的方法来缓和。

（2）同类色的配置运用。同一类颜色的使用是从亮到暗或从浅的颜色相位的配置方法，很容易形成统一的效果。设计的成功率相对较高且稳定，但很容易给人缺乏活力的感觉。在色彩设计过程中，需要注意的是，亮度不适合相差太大，所以要在统一中作色彩对比；同种颜色，不同的亮度占据不同的面积，当亮度较高时，可以使用大面积的浅色和小面积的深色搭配，同时要考虑色与光的纯度，色与光的差别一定要大；同时色与光的纯度一定要强；少量的光照在背景色上可以在一定程度上增加亮度；当中间色为背景色时，装饰色可以比背景色浅或比背景色深；颜色的深度必须不同，从而体现层次感，如深蓝与浅蓝、墨绿与淡绿、深红与粉红等属于同一色系的组合关系，明度不同，协调效果较好。

如果采用多种相似颜色进行渐变处理，层次一定要适当，使用比例可以相同，但也可以暗区小，亮区大，从暗到亮过渡，形成和谐清晰的配色效果。

（3）类似色的配置运用。在光谱中，色相环中色距在60°以内的色相配合，容易带给人温和的感觉，可获得调和的效果，使配色表现出雅致柔和，处理恰当的话，可以使调和、对比兼具，否则就会给人一种非常平淡的感觉，不会给人的视觉感受带来没有任何波澜。

总的来说，一个新产品设计成功与否，与色彩配合是分不开的，色彩配合原则的合理运用，可满足人们对色彩美的期望。

二、不同风格色织物设计中色彩的应用

（一）色彩在棉型织物中的设计应用

在棉型织物中常见的色织产品主要有色织府绸、色织被单布、色织绉纱布、色织泡泡纱、色织灯芯绒、色织纱罗、色织绒布、劳动布；涤/棉混纺色织物主要有金银丝细纺、树皮绉细纺、纱罗、泡泡纱、纬长丝府绸、烂花布等。就不同的织物品种而言，其风格和设计方法不同，接下来将介绍几种织物品种的色彩设计。

1.色织绒布的色彩设计

色织绒布在色织产品中所占比重并不小，其特点主要表现为质地厚实、绒毛短密、布身柔软、格型大方、色泽柔和。不同风格的色织绒布可应用于各季节的服用织物和装饰用布。根据不同的起绒工艺，色织绒布可分为拉绒布、磨绒布两种类型。根据不同的织物组织，可将色织绒布分成平纹绒、斜纹绒、提花绒以及凹凸绒四种类型。根据色纱的配置不同，可将色织绒布分为条绒、格绒。按照拉绒方法不同，又可分为单面绒、双面绒等。

在色彩设计方面，除了一般的色条、色格以外，还可运用设计技巧得到特殊效果。

2.色织府绸的色彩设计

色织府绸的设计注重色彩效果和图案形态，不会过分追求府绸效果。它能充分发挥织物图案的图案美和形态设计，通过织物结构和纱线结构的变化获得独特的外观风格。坯布应经过烧毛、丝光、漂白、定形等工序加工，形成光滑、坚硬、清爽的仿丝绸效果。配色要求纯度低、亮度高，即色泽清新淡雅，不宜太鲜艳，使产品具有明亮、柔软、清新的特点。常用天蓝、柠檬黄、浅驼色等颜色。有的产品在中彩地上配以酱红色、土黄色或蓝色等丰富明亮的色调，打破了府绸传统的配色模式。其色彩设计方法具体如下。

（1）纱线的应用。根据色经白纬配色方法，颜色纯度低，亮度高，光泽柔和，质朴典雅，有仿丝绸风格。不同的色纱间距配置或不同的捻纱间距配置，可获得条纹府绸或隐色府绸的不同配色效果。

如果经纬纱是近似互补色，也就是说，色环上的两种颜色在120°以外

的颜色中匹配，织物将具有闪光效果。例如，红色和绿色、咖啡色和海蓝色是相容的，需要注意的是，这两种颜色的亮度和纯度是相似的。在组织中，经常使用平纹织物，因为平纹组织中有许多交错点，并且经纬互相截断的浮长线呈点状，两种颜色的总面积相同，所以闪光效果更好。另外，织物的经纬线密度应相等，经纬密度应近似。如果经纬纱按1：1的比例排列，也不会有明显的闪光效果。

（2）组织的应用。平纹组织是地组织，其局部采用经、纬小提花组织或透孔组织等，图案造型简练，使彩条、彩格表面缀以间隔大、细小的花纹，形成提花府绸；如果形成满地花府绸，组织点浮长就要适当；如果以经起花或者纬起花组织形成小型朵花图案或抽象图案，织物织成后剪去织物反面的浮长线，就会形成单独朵花或者图案，形成与刺绣风格相像的仿绣府绸；如果在平纹结构的半线府绸中嵌以缎纹组织，整理后缎纹处光泽比较好，会形成缎条府绸。

（3）加工工艺的应用。一直以来，织机都没有停止它的进步和发展。府绸织物采用单梭织法织造，图案精美细腻。例如，经纬纱以单色纱间隔排列，形成精细的花纹，并用分散的星形花加以点缀。在随后的整理过程中，将原色纱用作经纬纱，并在经纬纱中织入少量精练、耐氯色纱、线、条或格子经过染色或漂白，使成品具有独特风格，形成套色府绸。

3.色织灯芯绒的色彩设计

色织灯芯绒即用低捻度的异色花线作纬纱，形成混色或者闪光绒面，绒条具有丰厚、漂亮的特点，而且还结合色泽，看起来具有仿毛感。在设计上可采用的方法有以下几种。

（1）两根色纬在加捻过程中的配色必须分为主配色和次配色。一般采用同色相匹配的深色和浅色，再结合加捻的方法，以突出仿毛效果。例如，使用深棕色和浅棕色，黑色和浅灰色的颜色搭配，对比效果是调和的。经纱的配色通常是用与纬纱色调相同的单色纱。

（2）用异形三角锦纶丝或者金银丝与异色花线并合作纬纱，在割绒之后，绒面会闪光。

（3）用经纬异色纱设计提花灯芯绒，绒面上有异色图案花纹。

（4）用多种色纬结合组织交替起绒，形成绒面图案。

（5）用双面灯芯绒的设计方法，或两面分别采用格子斜纹和起绒。

（6）利用两个织轴不同的送经量，形成灯芯条和泡泡条相结合的泡条灯芯绒。

（7）经过印花处理、轧花处理、霜花效果处理、金银粉印花等方法，形成靛蓝色调牛仔风格灯芯绒。

4.牛仔织物的色彩设计

生活中随处可见牛仔织物，牛仔织物指的是生产牛仔衫、牛仔裙、牛仔套服、牛仔背心、牛仔裤、牛仔鞋帽、牛仔包等的专用面料。它具有密度高、手感柔软、厚实、交织明亮、组织清晰、吸湿性好、保形性好、耐磨性好、穿着舒适等特点。传统牛仔布是将靛蓝染色经纱和天然纬纱交织成后进行缩水处理。它看起来是一种特殊的颜色，有白色的杂色衬里，颜色更加均匀自然，可以搭配各种颜色。近年来，随着经济的发展和消费需求的变化，牛仔面料的种类越来越多。通过对不同原料、质地、颜色、印染工艺及后整理的设计，形成了各种花式牛仔布，满足了人们对牛仔织物的需求。

（1）选择原料。随着人们的不断尝试，牛仔布原料的使用越来越广泛。除传统棉外，亚麻、真丝、氨纶、涤纶和差别纤维等原料也可用于织物设计。

以日本开发的以天然棕棉纤维为原料的高档彩色牛仔布为例，这种牛仔布具有天然的基调感和柔软的光泽。它采用具有色彩效果的转杯纱，在整个织物中加入一定比例的竹节纱，得到竹节牛仔布。织物的表面不仅具有原织物的粗糙质感，还蕴含着雨滴的独特效果。再者，以具有装饰效果的高档牛仔布为例，经纱采用嵌色纱，纬纱采用彩色纱或分段染色纱，形成多色效果的彩色牛仔布。

（2）组织设计。牛仔织物的组织设计受到多方面因素的共同影响，包括织物的质量、纱线线密度、织物密度、流行趋势、用户要求等。往往是以斜纹及其变化组织为主，不过特殊的轻薄型织物也可用平纹组织。除此之外，人字纹路、凸条组织等也可以选用。

条纹牛仔布用的是凸条组织，在传统牛仔布上有明显的条纹外观；菱形牛仔布是指在蓝色地布上形成菱形图案；满天星牛仔布是指在传统牛仔布上有规则的白色或彩色小方块图案；如果提花结构发生变化，彩纱交替排列，可以形成一种新的条纹效应，立体感比较强烈。

5.色织泡绉类织物的色彩设计

不同的起泡绉工艺，其风格及效果是不同的。色织起泡、起绉类织物较流行，色织泡泡纱是由两组经纬纱交织而成的织物，一组经纱为地经，与纬纱交织成扁平地部；另一组经纱为泡经，与纬纱交织成不均匀的泡纹。不同宽度的泡泡和地部垂直排列，加上纱线颜色的变化，织物会产生立体感，质地轻薄，色泽柔和自然，手感光滑，透气凉爽，保形性好，洗后不需要熨烫。这种面料可用于夏装、窗帘、床单等。

泡泡纱的织物结构和纱线设计决定了其图案和外观。平纹组织是主要结构，因为平纹组织具有更多的交织点和更多的屈曲次数。如果泡经与地经在送经量上存在差异，则织物收缩率差异显著，发泡效果更优。在某些情况下，为了增加织物的美观性和多样性，可以用少量的提花来点缀平纹织物。但需要注意的是，浮纹不宜太长，要适当变短。

色织泡泡纱的泡条色彩以白色和中浅色效果为佳，织物的整体色彩要比泡条的色彩深一些或者浅一些，这样才能够达到衬托泡条的目的。整个织物的颜色排列应根据织物的用途而定。

（二）毛及仿毛织物的色彩设计

毛织品中色织物主要有精纺花呢和粗纺花呢、女式呢、松结构织物等。面料的色彩往往给人一种温馨、大方、庄重、典雅的感觉，色彩通常深沉而含蓄。但是，不同品种、不同用途的产品对颜色的要求不同。

1.毛织物常用色彩及要求

影响毛织物选择的因素主要有色彩和纯度、面料的材质、颜色、花纹以及组织等，这些因素构成了面料色彩的表现形式。羊毛纤维的结构极大地影响了织物表面的光泽。羊毛纤维呈乳白色或淡黄色，表面有鳞片，自然卷曲。羊毛织物有柔软的光泽和脂肪光泽。通过染整，可以形成不同的颜色，使毛织物高贵典雅。

一般来说，精纺毛织物大多是纯色的。当然，也不排除有混色、染色织物、印花织物。不同的品种有不同的风格和颜色要求。条状图案要求宽条适当，窄条状不显其密，平条状强调色彩的衬托，彩色条状强调色彩的和谐；而条状图案则要求排列多变、密度不均。明亮的嵌条应清晰、协调，而暗的嵌条应适当隐藏。格子图案与色彩需要相互协调，明暗协调。印花图案必须大方、典雅，形成立体感，色彩必须清晰，色调搭配柔和，图案结构稳定，具有高档产品的风格，且图案的特点和品种要符合穿着要求。

在配色的时候，精纺色织产品面料的层次变化会通过色彩的色相、明度、纯度变化及其相互对比关系来体现，所形成的美学效果是多种多样的。通常在每组花色中分为主色、配色，两色的关系基本为类似色，或者是对比色。大条格、大花型织物具有热情奔放的感觉；小条格、小花型织物则具有文雅、娴静的感觉；不同花色织物产生不同的节奏和韵律，适合不同的服装风格。例如，在春秋两季，服装面料通常采用中深色调。女装面料可选择柔和的中浅色，如白色、米色、粉色、浅蓝和灰色，还可以选择炫丽的颜色。通过良好的弹性、自然的光泽、尺寸的稳定性和直线性，可以体现女性和现代的气质。相对而言，男装可以选择深灰色，如中灰色和深灰色，这会产生一种阳刚感和权威感。选择中浅色可以体现出充满活力的感觉。夏季可选用轻薄、色彩高雅的面料，如绒毡、毛/涤花呢等。这些织物具有淡雅的色彩、轻薄的质地、细腻、悬垂、柔韧、光滑、透气的特点，会产生流动、清凉的感觉。

毫无疑问，织物组织图案的选择也是色彩设计的重要环节之一。例如，可以用平纹、斜纹等简单的织物来设计薄型织物；可选用联合组织，形成立体感；可选用隐藏条和格子面料形成不同层次的视觉效果，因为光线照射在隐藏条和格子面料上，由于反射的不同，随着人体的运动，服装表面会呈现出光影的灿烂变化。

另一种织物是毛呢，是用单色纱、混纺纱、合股纱、花式纱等图案织成的花纹织物。图案主要包括字、条、格、圆、小图案和提花织物。其中，常用的组织有平纹组织、斜纹组织、绉组织、双层组织等。从原材料上看，除毛纺纱以外，精纺毛纱、棉纱、黏胶纱或化纤也可用于织花，形成多种混纺及精制纤维产品。

颜色的变化与图案的变化密不可分。传统毛织品的主要色彩搭配是含蓄稳重的。随着科技的不断进步和顾客审美意识的不断提高，根据产品的使用对象和流行色的趋势，我们可以考虑明艳的色彩搭配。其中，花式纱线以其独特的质感和色差视觉效果，在毛织物的应用中形成了新颖的立体织物风格。

2.毛织物的色彩设计

对毛织物色彩产生影响的主要因素包括原料的选用、纱线结构的变化以及整理工艺。

（1）不同颜色的纤维混合。精梳羊毛织物上的条带染色产品通常与两种以上不同比例的彩色羊毛混合，以达到预期的染色效果。另一种特殊的设计是通过将织物与不同颜色、不同的亮度和巨大的差异的羊毛混合，产生一种颜色混合效果。如派力司织物的特点是有比主色较深的毛纤维不均匀地分布在呢面上，形成雨丝状的条纹，配毛时采用60%～70%的本色白羊毛和20%～35%的主色毛条混合形成地色，如米色、灰色，另以比地色深的毛纤维为混色（6%、8%），如深灰色、深米色。这样，深色纤维在纱线上的分布是随机的，毛线一侧浅色的地面上会出现天然的深色条纹。

一些粗毛织物混合了两种或两种以上不同颜色和不同原料的纤维，根据颜色纤维的色调、亮度和组成，产生不同的颜色，形成不同的风格。例如，银色夹克通常与一定比例（约10%）的马海毛和尼龙丝线混合在一起。

不同的面料对混色有不同的要求。凡立丁、华达呢、海军呢等品种具有相似的色相和明度，而且颜色干净。片材染色工艺是最理想的。各种色布（如条纹布、格子布）混色纱线的明度和色相也应接近于有色丝的素色织物的要求。

（2）色纱合股线的混色效应。将不同颜色的单股纱线进行合股和捻股，得到A/B纱。混色效果不像松散纤维那样均匀，但两种颜色由于扭曲，从远处看似乎混成了一种颜色。这也是色彩的空间混合效果，在设计A/B花型线时应注意以下问题。

①对于线密度高的纱线，两根单纱的色度对比要小一些，否则纱线的色点大而明显，混色效果不好，织物有粗糙感。对于线密度较低的纱线，两根单纱的颜色对比度可以大一些，这取决于织物的图案风格。

②如果两根单纱的色差比较大，最好增加捻数，减少色点，使粗花呢表面的颜色更加均匀和干净。

③两根不同色度的单纱交织在一起，如果对面料的花型没有特殊要求，最好能使两支纱线的明度和纯度一致，否则会使颜色点突出，无法达到混色的效果。在搭配其他颜色时，应注意亮度和纯度的混合。

（3）经纬异色纱的交织效应。用不同颜色的纱线在织物上编织经纱和纬纱，会产生不同的效果。如果经纱使用一种颜色，纬纱使用另一种颜色，可以获得混合色或闪光色的效果。颜色匹配图案的效果可以通过将彩色纱线与纬纱结合来实现。这些颜色匹配条件，在结合彩色经纱和纬纱时，只有结合纱线的线性密度、织造密度等因素才能达到最佳效果。

经纬异色交织时，常采用色织条格织物的设计方法。

当彩色纱线组合成图案时，必须协调不同的颜色。当使用相同的颜色或具有不同亮度和纯度的相邻颜色进行颜色匹配时，应加入少量明亮的颜色，以协调整体效果，提高颜色匹配的亮度。

织物中每种颜色的面积必须根据颜色的强弱来调节。一般来说，高亮度和纯度的颜色区域应该更小。当使用对比色来组合颜色时，颜色区域不能相等，必须突出主颜色。颜色的亮度不适合接近，应分为强与弱，否则将会有一种混乱的感觉，将无法实现预期的效果。

（4）嵌条线的应用。在织物设计中，镶嵌线常用于装饰织物，广泛用于精纺花呢。设计时应考虑预埋线的类型、颜色、占用面积及与底色的匹配。

①嵌条线的种类：嵌条线可由各种原料制成，包括长丝、短纤维、丝、棉、化纤、羊毛和混纺纱。

a.真丝嵌条：特点是精致、细腻、典雅、光泽柔和、自然、均匀、表面质感高贵。它通常用于设计中高档面料和薄型面料，如纯羊毛单面粗花呢、纯羊毛中厚粗花呢和毛/涤薄花呢。在设计时，应注意色差和染色。

b.丝光高支棉线：精细、文雅，光泽柔和、自然，手感柔和、有身骨，用于纯毛花呢和毛/涤花呢的设计。

c.涤纶丝、锦纶丝：细度细、光泽好、强力高、条干匀、色牢度好，可使织物挺括、耐磨。适用于各种粗花呢，但必须经过预处理，使热收缩率控制在6.5%以下，否则粗花呢表面会因热收缩率而不均匀。

d.黏胶丝：光泽好，条干匀，有丝状感，外观细腻，但湿强力差，可用于中低档毛织物和混纺织物的设计。

e.纯毛纱线：与羊毛织物的收缩率和风格一致，手感和外观良好，常用于纯毛花呢织物。

f.毛/涤纱线：有较好的机械性能，身骨好，外观好，易于加工，适用于纯毛、混纺花呢织物。

g.组合线：使用两种或两种以上不同性能的纱线作为镶嵌线，如真丝与毛纱、真丝与涤纶丝、棉纱与毛/涤纱等，可以增加粗花呢表面的色彩，使其更加琳琅满目。

②嵌条线色彩的运用如下。

a.本色嵌条：嵌条线色彩与地织物相同，而嵌条效果的突出是通过改变纱线的结构或采用不同组织结构实现的，如平纹地斜纹条、平纹地缎纹条；斜纹地平纹条、斜纹地急斜纹条；右斜纹地左斜纹条等。

b.单色嵌条：要求嵌条线与地部色彩协调，其明度、对比度的选择幅度很大，根据消费地区、销售对象、用途的不同而不同，常采用同种色、类似色、对比色、中间色、中性色等。

同种色即色相相同，但深浅明暗不同，配色调和、素雅；类似色即色相接近，如红与橙、橙与橙黄、黄与绿等，嵌线活跃、醒目，反差不大；对比色是指两种色调（如互补色）之间存在较大差异，嵌线明显突出，但不容易协调，且应在面积和亮度上控制对比，并应谨慎使用。当经纬颜色不同或地面颜色有两种或两种以上时，中间色适合选择，配色均匀，且嵌入能起到协调作用；在有色织物和各种有色地面织物上使用非彩色、金银色可以起到调节作用。

c.双色嵌条：双色嵌条是精纺花呢中较普遍采用的花型设计。两种颜色的嵌条中，一种为中性色，另一种为对比色、调和色或同类色。为了获得更稳重的效果，配色单元可以由中性色和调和色组成，如藏蓝为深灰色（中性色）和深蓝色（调和色），深褐色为灰色和深褐色。如果织物是活泼和跳跃两种镶嵌，可以使用中性色和对比色。这时，对比色的明度要仔细挑选，以暗为合适的颜色。

d.多色嵌条：一般以中性色为主，再配以对比色或调和色。如果中性色是一种，其他两种必须是对比色，这样才会有丰富多彩的艺术效果，但是它的亮度要适当，否则会占主导地位，主次不清。还有三种或四种颜色的镶嵌条，颜色过多，容易杂乱无章、不美观，所有全毛花呢织物的设计都要注意这个问题。

（5）花式线的应用。花式线主要用于粗纺毛织物设计中，品种主要有环圈线、结子线、彩点线、雪尼尔线。

①原料应用多样化：花式纱主要是由各种化纤纱制成的芯纱和固定式纱。花式粗花呢是一种有质感的织物，上面经常会有一些圆圈。织物经纬密度低，结构松散。它要求面料色彩鲜艳，手感柔软，不松不烂，成衣要时尚、现代，而对羊毛纤维的穿着功能要求相对降低。织物经整理后由于部分羊毛纤维的存在和花式线的特殊结构，仍能体现羊毛的手感。除了花式纱可采用化纤纱构成花式线外，花呢织物中的普通纱也可采用羊毛混纺纱，或毛纱与腈纶纱、黏胶纱、棉纱等相间排列，这样既丰富了面料的色彩，又不影响面料的手感，还能把成本降低。

②简化组织结构：使用一些奢侈的纱线来形成织物，可以使它形成一种特殊的效果，而不需要采用复杂的结构，减少了在编织过程中产生的问题。例如，粗花呢织物，它需要一个精致的颜色组合，除了一般的图案外，织物的表面还均匀地分布着红、黄、蓝、绿等彩色的点，可采用平纹织物，少量的经纱和纬纱为花式纱线，可形成多种编织产品。

③突出产品的立体风格：传统的呢绒面料要求面料表面平整，不显示底纹，而花色线（如环圈线、结子线等）设计的松散规整的产品属于图案风格，能使面料色彩丰富，图案有立体感和艺术性，手感柔软有弹性。

④丰富产品的色彩和花型：花式纱线的应用丰富了织物的色彩。根据产品的主题和流行色彩的趋势，可以选择鲜艳夺目的配色，也可以选择含蓄优雅的配色。当面料具有相同的结构时，颜色运用适合，亮度差异可能较大，导致面料在深度上发生变化。一般来说，奢侈的纱线在织物中起着装饰作用，它的颜色应该是主要颜色，豪华纱线的颜色是装饰性颜色，这使色调的对比非常强烈，起到装饰性的作用。

3.仿毛织物的色彩设计

色织物主要纺制精纺毛织物中的薄型和中厚花呢产品，也有少量纺制粗花呢风格的产品，原料组合十分丰富。仿中厚型花呢以涤／毛、涤／毛／黏、黏／毛、涤／毛／麻、涤短纤等交并、交织；粗纺花呢以黏／毛为主，根据面料风格的不同要求，选用不同性能的纤维进行混纺、交织，在原材料的使用上体现出多样性、灵活性和合理性。

仿毛织物的毛型感除了依靠原料外，还依赖于图案造型、织物组织及色彩搭配。毛织物的色彩和造型要求浑厚、稳重、大方，常用的有驼色系，如深咖啡色、中咖啡色、驼色、米色；蓝色系，如藏蓝色、深蓝色、深灰色、浅灰色；绿色系，如深橄榄绿色、浅橄榄绿色、草绿色等；红色系常用于女装设计，如玫红色、砖红色、洋红色、粉色等；白色用本白代替漂白，与羊毛纤维的本色类似。

仿毛花呢产品，除了使用不同的纱线捻向构成隐性的条格和条纹，花线的应用也十分重要，这是由各种不同颜色的色纱合并而成的两股异色花线、三股异色花线、花式线、不同捻度的低捻线等。由于纱线混色不同，织物表面产生不同程度的混色效果，与素花呢、条花呢、格花呢等产品相类似。

不同花式纱线的应用为色织仿毛粗花呢的仿毛手感的提高提供了良好的条件，如粗细纱合捻的花线，外观有松紧，呈螺旋形。结子纱、疙瘩纱等在仿毛织物设计中也都有所应用。

（三）丝织物的色彩设计

丝绸织物的特点是手感柔软和色泽鲜艳。它的大多数颜色是由简单的色调定义和修改的，形成清晰的主色和副色。除了色彩鲜艳的面料外，轻薄的产品主要是优雅的，如月白、嫩黄、奶黄、天蓝、湖蓝、浅水绿、湖水绿等色。中厚型产品的色彩比较深沉、厚重，有铁锈红、青灰、土黄以及深棕等色。

丝绸面料的颜色匹配和图案设计是面料风格设计的重要组成部分。颜色和图案的分布必须考虑不同的因素，如区域、国家、文化和消费者的消费水平。例如，丝绸和提花缎在原材料、图案、颜色匹配和组织结构方面具有很强的民族特色，必须结合国际流行趋势进行创新和发展。

1.影响配色的因素

（1）原料与配色。蚕丝和柞蚕丝织物可染成各种色调，光泽柔和。为了反映织物的高贵风格，使用了各种颜色的间隔。细白丝缎适合搭配中、浅色调，最好是中色和深色。柞蚕丝织物染色不亮，因此，在配色时应加强亮度对比，并可使用明亮的颜色。

金银线的应用有助于改善丝绸织物的美观和颜色。它具有极强的金属光泽，丰富而豪华，具有感官中性的色彩特征，可以协调织物表面多种颜色之间的关系。一般来说，黄金与暖色系统的色调相匹配，而银与冷色系统的色调相匹配。

（2）织物结构与配色。丝绸织物通常为平纹织物、经针织物、大提花织物和小提花织物。使用多色纬纱和多色经纱，可以获得多层次和多色的效果。例如彩格平纹格碧绉织物，其经纱排列为：14深红、28白、34橘黄、64白、14橘黄、50白；纬纱排列为：8深红、18白、24橘黄、32白、10橘黄、36白；缎纹丝织物由于编织点少、表面光滑，具有明显的经纱或纬纱效果。提花织物的设计通常采用将小图案融入条纹的方法，面料色彩鲜艳，层次多样，经纱配置不同颜色，图案清晰，设计效果好。

色织大提花织物一般以纬二重、纬三重、经二重、填芯、稀密平纹提花换层接结等组织居多，花型有几何图案、花卉、古典图案，表现手法上有满地纹及在平纹地上点缀局部提花，组织结构精练。也可以采用两色或多色的经纱和提花织物，装饰丰富，图案有一种舒缓的感觉。

（3）织物用途与配色。丝绸织物通常用于服装和装饰用纺织品，在使用过程中，应考虑原材料、纱线种类、图案、颜色匹配、组织结构等因素之间的关系。丝绸颜色的搭配受服装风格的影响，也受消费者的传统习惯影响，如秋冬使用深色和春夏使用浅色。此外，需要根据使用环境的不同而不同，如礼服、旗袍等使用的面料，配色一般清晰明亮，和谐庄重。

（4）生产方式与配色。色织丝绸都是成熟的织物，即分别对经纱和纬纱进行染色，然后再进行织造。产品主要是色织条纹。经线和纬线颜色的匹配是关键，它不仅应符合颜色分配的一般原则，而且还应反映丝绸织物的风格特征。半彩色机织织物的染色过程较为复杂，即先将一些丝线染色，然后织成织物，再进行匹染。整理后的织物手感柔软，色相多变，色泽柔和，立体感强，经济效益高。

2.配色方法

丝绸配色要能反映出面料光泽柔和、质地细腻的特点。虽然一些明亮的颜色组合不是传统的，有明显的色调倾向和突出的个性，也可以在设计中适当使用。彩色花朵的颜色与中性颜色的对应也更为常见。纯净的对比色与中性色背景要有协调感。主花的颜色要突出的主题，是显著颜色，辅助花的颜色纯度要相应降低，起着叶子的作用。装饰性色彩通常使用具有高纯度和光泽的颜色来完成。对于简单图案的颜色匹配，先确定地面颜色，然后调整过渡颜色。为了匹配底面颜色，首先要确定第一个颜色块，然后根据需要再添加少量对比色作为装饰，以达到统一和对比的效果。

（1）彩色条格的配色。在匹配颜色之前，必须先绘制与实际对象相同大小的颜色图案，以确定织物的颜色效果，且所使用的颜色数量不适合过于复杂的情况。图案确定后，计算纬纱和彩色纬纱的数量，设计编织工艺。

（2）丝绸和成熟丝绸颜色的对应。熟织的丝绸和缎子都是先用丝线染色的，丝线上要标明颜色的编号和名称。常见的组织方式如下。

①单层织物：通常采用经纬同色相配，少数产品通过各种色彩的深浅变化形成彩色条格。

②重经织物：先确定织物的主色调，以选择主色经丝，其他色经与主色经丝采用同类色或近似色，织物配色既和谐统一，又能使正面的接结点不显露。

③纬二重织物：当利用纬二重组织形成表里交换条格外观时，配色可采用一色纬与色经相同，另一色纬为其同类色或近似色。而利用纬二重组织起花型时，地纬色与经纱色接近或略深，而花纬色较明显，并且色彩纯度和明度较高，以突出起花。

除了丝织品，还有一类仿造丝织品的化纤仿真丝产品。化纤仿真丝产品占一定比例，它除了具有真丝面料的外观、色泽和优异的穿着性能外，还改善了真丝面料的不足。其他仿真丝产品主要有棉型织物中的府绸、细纺、巴厘纱等产品，配色方法类似真丝织物，其中的闪色配色设计具有很好的仿丝绸效果。

（四）麻型织物的色彩设计

麻纤维主要包括苎麻、亚麻和大麻。麻型织物自然舒适，风格粗犷，吸水性和渗透性较好，风格独特，但弹性较低。

仿麻型织物的色织产品主要有薄型和中厚型两种，以夏季薄型织物为多。原料以多种纤维混纺、交织居多，包括棉／亚麻、麻／黏、棉／涤／麻等，通过混纺、交织、交并等工艺，使织物风格新颖、多样。

1.利用色纱织造图案

在织物中搭配不同颜色的纱线，可以形成各种图案的织物效果。选择与经纱和纬纱颜色相似或对比色的纱线，可获得大小网格的对称、不对称和嵌套效果，使织物获得更强的立体感。麻型织物颜色以中、低纯度为主，如米色、浅米色、乳黄色、黄褐色、银灰色、骆驼色等。女装和童装有蓝天、粉色、水绿色等。麻型织物并不适合采用多种颜色，颜色通常采用相似的颜色和谐调的颜色，以免损害麻型织物的风格。

2.利用原料的染色性能不同形成花色效果

对于交织织物，由于经纬纱的原料不同，可以形成具有不同染色性能的花色效果。例如，涤/麻交织物，常规涤纶由于结晶度、取向度较高，染色性较差，可使用的染料种类少；而麻纤维属于纤维素纤维，一般染料均可上染，因此可利用两种纤维的染色特性，配合经纬纱线的排列和组织变化使织物形成双色、多色或留白的效果。

再如，真丝／大麻混纺绸采用平纹组织，使用活性染料染色，丝纤维上色量明显高于大麻纤维，两种纤维的颜色、强度和光泽的差异更加明显，但两种纤维的颜色差异进一步增加了丝绸珍珠般的光泽，使织物具有双色效果，突出了产品的风格。

3.合理运用花式线

花式线的类型和颜色的使用可以很好地反映大麻织物的风格。常用的花式线包括竹线、结子线、疙瘩线、断丝线、小环线等。大麻织物中花式线的比例一般不大，只是装饰性和点缀性的。可以用麻纱或麻纱与花式纱混合，根据一定的安排与纬纱进行比较，强调花纱的质地，从而增强麻纱的感觉。

4.利用织物组织体现花型

织物的组织影响织物的外观，对织物的组织进行设计，可获得良好的花型效果。麻型织物常用的组织有平纹组织、斜纹组织、平纹变化组织、绉组织以及其他联合组织，包括蜂巢组织、透孔组织、凸条组织、纱罗组织以及竹节组织等。

当织物主要反映亚麻织物的特征时，组织的选择更加灵活。在设计中厚型面料时，如果纱线本身包含一些粗糙的细节，或者使用一些花哨的花式线作装饰，或者交替改变具有不同捻向的纱线，并选择简单的平纹或斜纹组织，则可以获得更好的亚麻织物效果。如果纱线干燥均匀，可以选择改变重量或改变正方形结构，使织物表面显示规则的垂直和水平厚度，从而达到仿麻的效果。这类产品色彩优雅、柔和、大方，十分适合做女式外衣类织物。

5.反映织物特殊风格的组织设计

根据麻类交织物中经纬纱原料的不同，再加上组织结构的变化，可以得到一种特殊的风格。同样的质地可以表现出两种材料的光泽和手感。由于不同的原料对光的反射不同，平纹织物会在织物表面产生光的明暗变化，使织物有飘逸感。彩色织物可以通过彩色纱线的排列来分层。为了使织物突出纤维的作用，可采用纬编工艺。如果织物表面既有麻纤维纤毛效应，又有其他纤维效应，通过组织与色彩的结合，可以得到各种形态的孔洞和突出的图案。

纯麻、麻混纺和麻型交织物主要依靠原料的选择和纱线的色彩、种类、结构及织物组织等综合设计来体现其色彩和风格，尤其是在设计染色仿亚麻布面料时，能使中低档产品具有中高档产品的外观、风格和性能，使仿亚麻布面料的使用范围更广。

第三节　色彩在室内装饰织物中的应用

现如今，随着物质的丰富以及人们生活水平的提高，家用纺织品市场正处于多元化竞争的热潮中，而市场个性化消费也处于高增长期。随着生活节奏的不断加快，人们希望有一个既温馨，又有品位、有情调、能够使人身心愉悦的室内环境。所以，室内装饰织物越来越受到人们的关注。近年来，国内装饰织物消费呈迅速上升趋势，而且还有非常大的发展空间。从纺织品三大领域——服用、装饰用、产业用纺织品来看，装饰用纺织品只占12%～14%，这与发达国家装饰用纺织品消费占整个纺织品消费的⅓相比仍有非常大的差距。从现在装饰用纺织品的产业结构来看，中、低水平的产品生产过剩，而高技术、高附加值的产品却较少，这种状况已不能满足人们日益增长的消费需求。预测在未来几年内，装饰用纺织品将成为纺织品中最具发展前景的一个品种。

随着社会的进步，人们消费水平的提高，装饰织物产品和品种的设计也在不断地更新。装饰面料的设计不仅需要新的理念，还需要新材料和新工艺的应用，以及图案和色彩效果的新设计。装饰织物设计的灵魂正是色彩，所以说它对织物风格起着主导作用，这就要求产品设计人员在进行产品开发时，必须将面料的色彩效果放在重要位置。

服用纺织品的色彩与其穿着者联系紧密，设计和装饰织物的颜色离不开内部环境的综合协调以及颜色的统一。在设计思想的指导下，设计的室内纺织品可以采用不同的方法来实现一定的内部风格，包括色彩搭配、室内纺织品造型搭配、生产工艺搭配、面料材料统一。为了平衡复杂的色彩关系和房间的整体协调性，可以在相似色彩、相邻色彩、对比色彩、色彩系统和消色差系统的协调分配模式中找到组合规则。

一、室内纺织品色彩配套设计的形式

（一）同类色或类似色的配置

这种设计方法是指使用同类的颜色组合来保持室内纺织品的颜色一致，并反射冷或热、轻或重，简单或时尚的感觉。一般来说，色彩亮度和色调之间的渐进关系应该产生渐进的、和谐的、柔和的视觉效果。合适的配色方案包括纺织试剂盒之间的颜色协调，纹理图案中记录的每种颜色之间的协调，以及纺织品和家具之间的颜色关系。例如，在与家具等物品配色的配置中，可以使用颜色相协调的方法：浅黄色家具，米色墙面，橘黄色床罩、桌布，构成温暖、华丽的色调；也可以用较远的相邻色做对比，获得绚丽、赏心悦目的效果。这种配色计划经常用于卧室和客厅的色彩设计中。

（二）对比色的配置

色彩对比可以给人一种温暖、刺激、兴奋的心理感受，不适合在室内整体设计中过度使用，但适当运用这种设计方法可以打破空间的单调。色彩的对比与和谐是相对的。更简单的设计方法是让窗帘和沙发等使用相同的颜色和设计的纺织品，也可以尝试与一系列甚至比较色的应用，例如，窗帘是黑底红花，沙发布是红底黑花，装饰起来使室内气氛更加优雅、活泼。与同类颜色配置类似，对比颜色配置还包括纺织品套件之间的颜色对比度关系，图案中颜色之间的对比度以及纺织品和家具之间的匹配颜色关系。

二、影响室内装饰织物色彩设计的因素

装饰织物是用于装饰室内环境的实用纺织品。它具有实用功能和装饰功能，会影响人们的精神和情绪。影响装饰织物的色彩效果的因素主要如下。

（一）纺织品的功能体现

具有不同功能的装饰织物应体现其使用位置和功能。根据色彩的位置和功能支撑点来设计色彩，可以将装饰面料的色彩与使用功能有机地结合起来。当人们使用时，会感到舒适、愉悦。

正常情况下，室内装饰织物用于大面积屋顶和墙壁时，如各种墙面布，适合淡雅的颜色，可以让人感觉宽敞，而地毯铺设在地面上则适合深颜色，如紫色红色、深绿色、咖啡色等，给人稳定和脚踏实地的感受。浅色的墙饰、深色调的地毯给人以稳重而空间开阔的感觉，反之，则会使人产生压抑的感觉。小面积铺设的地毯，如在沙发前或茶几下铺设的小幅地毯，则不受上面所述的限制，可以使用鲜艳的色彩和强烈对比度的色彩，这些色彩可以成为画龙点睛的一笔，使室内气氛更加活跃，也可以使空间分开。

厨房的纺织品通常使用亮度和纯度较低的颜色，如乳白色、浅黄色、浅绿色、浅蓝色和其他颜色，这些颜色可以产生干净整洁的效果，并使人感到镇定。床罩和被子使用安静而优雅的色彩，可以使卧室充满舒适和温暖的氛围。

（二）室内环境的影响

装饰织物在特定的室内环境中起到装饰作用，所以装饰织物的色彩应与所处的环境氛围相统一，起到烘托作用。

例如，客厅是客人或家庭成员聚会的地方，应该采用暖色，给人家的温馨，暖色调的沙发布、窗帘及抽象图案的地毯，给客厅营造出温暖的感觉。而书房则要求稳定、安静，便于学习与阅读，所以装饰织物适合采用一些纯度较低的色彩，给人宁静感。卧室是生活中私密的环境，它可采用乳白色的底色、浅绿色的碎花壁布底色或浅驼色覆盖，给人宁静舒适的感觉。装饰织物采用暖色调，给人以温馨感，儿童房装饰织物多采用鲜艳、纯度较高的色彩。

（三）审美习惯

人们对同样的事情往往有相同的习惯和审美价值。然而，由于不同的历史、社会、地理和文化背景、宗教信仰、年龄、性别、职业等，不同的人有不同的审美观念。在设计室内装饰织物时，必须仔细考虑这些因素。例如，在西方国家，人们在举行婚礼时更喜欢白色或低调优雅的颜色，新娘的婚纱是白色的，以显示爱的圣洁和纯洁。我国举行婚礼时喜欢用红色调的织物来装饰室内环境，象征着喜庆和生活红红火火。在葬礼上用黑白织物装饰环境，寓意对逝者的怀念和哀悼。

根据不同的消费群体，设计出满足不同需求的装饰织物，可以使装饰织物的设计和生产具有生命力。

（四）流行色

在装饰织物的色彩设计中，还应注意对流行色彩的控制。流行的颜色表面上是偶然的，但它们的变化是有规律的。它们是根据主色、普通色和稳定色的时间顺序排列的。在色彩的使用中也有基本的色彩、调和色彩和装饰性色彩。国际流行的色卡也在不断发展和完善，它的制定受到国际经济环境的影响。流行的颜色也与地区、民族、宗教信仰等有着内在的联系。因此，国际流行的颜色并不能被所有国家和地区接受。每个国家或地区总是根据通常一致的国际流行颜色来决定自己的流行趋势。

随着物质生活水平的提高和信息交流的便利，人们越来越重视室内环境的现代感。因此，在装饰面料的设计中，准确把握时尚色彩至关重要。

作为设计师，必须清楚，带有时尚色彩的装饰织物不一定是流行的装饰织物，因为织物的图案和织物使用的原材料也存在流行趋势。如20世纪90年代，随着人们保护动物和环境意识的增强，以动物为主题的设计流行起来。内容也强调了人与动物之间的友好，表现出动物温顺的一面。古典花卉设计中，花卉种类繁多，层次复杂，色彩强烈，多采用写实手法；现代花卉图案以一、两种花色为主，以写意为主，强调色彩的典雅和画面的简洁。随着人们环保意识的增强，低污染甚至零污染的纤维材料，如彩棉已经变得流行起来。

流行元素在装饰织物中的应用是复杂的，但它确实影响着织物的各个方面，而且流行的范围和影响也在逐渐扩大。作为一名设计师，应该有意识地在作品中融入流行元素，设计出符合人们消费心理和社会需求的装饰织物。

三、室内纺织品色彩搭配的风格

室内纺织品设计现在已经成为世界上发展最快的设计领域。时尚的变化正日益影响着当今室内装饰的潮流，并形成各种风格。

（一）优雅的风格

装饰面料的色彩以中性为主，渴望温柔、典雅、妩媚。面料由轻丝和柔软的仿毛皮制成，光泽高雅。

（二）城市风格

为了充分展示现代城市快节奏的生活，面料采用明亮的色彩和简单的几何形状，极简主义和未来主义的设计仍然盛行。

（三）怀旧风格

后整理技术处理的织物会有破损感，如腐蚀、磨损、烧坏、水渍和开裂。通过金属镶嵌或铁锈处理，或使用传统图案，使面料外观古朴，呈现从过去到现在，从现在到未来的历史变化。

（四）家织风格

手工缝制、刺绣、传统手工编织地毯图案以及各种花式纱线的运用，配合使用富有质感和立体感的面料以及复合技术，体现出居室的不同艺术特色。

（五）自然风格

各种来自大自然的花叶，通过补丁、刺绣、挖洞、拼布技术等，为家纺带来生机。例如，明亮的天蓝色和温暖的夏季色彩使家充满活力。

（六）豪华风格

体现时尚女性化，追求浪漫与性感。羊毛地毯、缎面靠垫、光滑的山羊皮、天鹅绒、金银丝、层压花边、透明水晶补丁、褶皱花边，都给人一种豪华的感觉。

（七）对比风格

强调各种元素的对比，包括暖色和冷色以及纺织材料和风格的对比。

体现传统与现代、经典与时尚的风格，在对比中寻求新的和谐与平衡。

（八）另类风格

大胆而明亮的色彩，往往充满嬉皮的风格和孩子般的兴趣，表现出另类和前卫。

第四节 色彩在服饰设计中的应用

本节探讨色彩在服装设计中的应用，要想更深入地了解色彩，并真正地掌握色彩，就要了解生活，感悟生活，从生活中去体验，到大自然中去感受。

一、服装设计的配色形式

从广义上讲，服装不仅仅包括包裹身体的上装和下装，还包括帽子、手套、鞋袜、包等起保护和美化人体作用的服饰品。从配色的角度看，服装面料自身的图案设计就涉及配色问题。服装上有很多分割线，将服装分成很多小的区域，有的小区域是可以更换面料的，也就是说，可以使用色彩、质地等与服装主面料不同的装饰性面料。服装上这些区域的色彩都能进行设计，是服装配色的基础，将其简称为"服装部件"。

服装配色应包括服装和服装之间、服装自身的各部件之间以及服装与各种服饰品之间，利用各种不同色彩、质感的材料搭配而成的具有美感的配色形式。服装配色涉及的学科范围非常广泛，它以色彩学为基础，与物理学、色彩心理学、生理卫生学、美学、材料学以及人文科学等多种学科相关。

不同于纺织面料配色设计的是，服装配色在包含纺织面料配色所涉及的一切知识的同时，还需加入有关服装配色的具体知识。服装的配色不仅包括服装的整体效果，也包括面料等相关因素的设计，这是"整体设计"与"局部设计"的关系。

人们可区分不同的，甚至极为近似的颜色，原因在于这些颜色之间色相、明度、纯度存在着种种差异，经过光线的反射，就会呈现出不同的颜色。服装配色的关键就是通过调节色相、明度和纯度，使服装各部分之间的色彩和谐而又具有美感。

在服装设计的色彩搭配过程中，人们总结出很多规律和方法，如对比法、调和法、面积比例法、色调统一法等。这些方法和纺织品的色彩搭配原理有异曲同工之妙，但与纺织品色彩搭配不同的是，它们更多地考虑服装的整体搭配效果，而细节搭配处于相对次要的地位，但也应给予足够的重视。本章中所涉及的对比法、调和法、面积比例法、色调统一法的定义分别如下。

（1）对比法：是通过加大服装各部件之间的明度、纯度差来使多种色彩相和谐的方法。

（2）调和法：是通过在服装各部件的色彩中加入同一色彩元素，而使多种色彩相和谐的方法。

（3）面积比例法：是根据歌德的色彩明度比例关系，而推知互补色之间的平衡面积比例关系，通过在服装各部件中恰当运用这些比例关系，使多种色彩在服装中和谐共处的方法。

（4）色调统一法：是通过统一服装整体色调的手段，使存在于多个部件中的多种色彩协调共存的方法。色调是色彩基调的简称，色彩的基调是指画面色彩的基本色调，通常把彩色画面的基调分为三种，即冷调、暖调、中间调，它反映的是服装色彩给人的不同感觉。人们总是尽量增大色彩之间的对比关系，使色彩达到协调。当一些色彩难以达到调和时，人们又会尽力通过一些"线索"来贯穿这些色彩，使它们具有某些相类似的面貌而增强调和性。例如，对于明度较高的色彩，面积应小一些；而明度较低的色彩，面积可以适当大一些，这样可以使它们从明暗度的角度看起来更加具有均衡美。除此之外，在服装配色中，必须以某一色调为主，比如有的是冷色调，有的是暖色调，使服装具有统一的面貌，不然的话会使服装不具备整体协调性。

如果要提高服装色彩的整体搭配能力，深入学习服装色彩的搭配方法，就必须掌握色彩的基本原理，了解色彩三要素之间的关系，确定色调对不同色相的调和作用。在此基础上，力求可以准确地使用色彩语言来表现服装性格，传达情感信息，使服装的款式、面料的花色及质感和色彩融为一体，相辅相成，互为衬托。接下来将从色相、明度、纯度三方面，介绍服装配色的方法和原理。

（一）以色相为主的配色

按色相可以将服装设计的配色分为单色配色、双色配色、多色配色。其中，多色配色甚至可以使用12色相环或24色相环的全部颜色，故也称为全色相配色，这是一种复杂的服装配色形式，一般较少使用。色相对比包括同一色相对比、邻近色相对比、中差色相对比、对比色相对比、互补色相对比。一套完整的服装配色方案可以包括以上多种对比形式，不过一般以某种对比形式为主，它也在一定程度上决定了服装的整体表达效果。

1.同一色相对比

同一色相对比即采用一种色相进行色彩搭配的方式。同一色相虽为同类色，但在色彩感觉上却充满了变化，它可以因明度、纯度的不同产生色彩的差异不同。比如说同为橙色，它的范围包括了从"橙红色"到"橙黄色"的色彩，利用此范围中任何位置选择的色彩进行搭配，都是同一色相对比。

在日常着装中，同一色相配色是一种常见的配色形式，给人雅致、柔和、宁静、专一的感觉。如果面料的质地相同或相似，在配色设计中可以通过调节服装各部件色彩的明度和纯度，变换出丰富的配色形式。比如周身采用红色系列中的色彩，上衣为加入白色的浅红色，裤子为稍暗的红色，配上鲜艳的红色漆皮质地的皮包、鞋子、手表等作为装饰，时尚、典雅而又富于变化。

为了不产生太单调的感觉，同一色彩的搭配方式通常应用于比较复杂款式的服装中，或用于强调面料风格的对比。若使用多色彩配置，则会使服装的整体感觉杂乱、花哨。同一色彩的搭配方式在礼服上应用的例子也不少，例如，由上身合体逐渐过渡到较宽大下摆的深蓝色礼服；由上至下、由疏及密地镶嵌一些同色的珠片，主要反映了面料与珠片在视觉效果上的对比，表达一种含蓄美。

应用不同色相设计而成的服装给人的感受是不同的，这也与面料的质地、风格、服装款式等因素有关。例如，红色可以给人热情、奔放、高贵、艳丽之感。但是若为红色羊绒服装时，还会给人一种温暖、柔软、稳重、大方的感觉；如果为红色的漆皮服装，给人的感觉就截然不同，让人有坚硬、冷酷、时尚、另类之感。

2.邻近色相对比

邻近色相对比指的是两部件上用色，在色相环上的夹角为30°左右，它是色相的一种弱对比。可以跨越24色相环中的3种色相，因为这只是一种定性的划分，所以这种配色方式也有多种色彩可供选择，而并不是只有三个颜色，只是这些颜色的相位夹角比较小，色彩品质、性格比较接近。在同一套服装的色彩搭配方案中，甚至可以同时包含几组邻近色相，但这需对不同部件分别进行比较。

因邻近色相带有一定程度近似的色彩性格，所以，这样的服装较容易达成调和，在休闲服饰中，这种配色方式很常见。如灰紫色的男士针织T恤，在肩部缝上色彩饱和度较高的蓝色牛仔布作为装饰性肩部贴片，使整件服装别具一格，更具休闲风格，这种搭配，统一之中见变化，既强调了服装的整体协调感，也突出了设计的别出心裁。在服装与服饰品的搭配中，这种配色方式的应用也很多。例如，女装中橙色皮包与黄色西服上衣的相配、蓝色裙子与绿色裙摆花边相配、紫色花饰与红色七分裤的对比等。

相比于服装中同一色相配色方式，临近色相配色的对比效果有所加强，配色更为丰富活泼，但还是不失稳重、统一之感。邻近色相对比配色在童装、青少年装、中老年装上广泛应用，色彩稳重、大方，同时又很生动。

3.中差色相对比

服装上中差色相对比的色彩冲突性比邻近色相对比要强烈，比对比色相的配色效果要弱一些。原因在于中差色相在色相环上相位夹角为90°左右，色相之间的性格差别比较明显，相对独立性较邻近色相对比增强了很多，不过相对于对比色相之间的强烈冲突，又多了几分柔和、含蓄之感。中差色相对比作为一种比较特殊的配色方式，广泛应用于各类服装。

4.对比色相对比

对比色相在色相环上相位之间夹角为120°左右，而整个色相环为360°，所以24色相环中一组完整的对比色相呈现"三足鼎立"之势。因此，这也是一种独特的对比形式。服装中利用对比色相配色的形式，对比效果突出、鲜明、强烈，表现力强，容易让人产生紧张感。

由于对比色相的配色形式，调和性差，不易达成和谐，所以多用于起醒目、强调作用的服装上，如特种服装、舞台服装等。救火队员所穿的服装，主色为红色，与黄色的装饰图案搭配。

5.互补色相对比

服装中的互补色相对比是最为特殊的配色形式之一，因为互补色在色相环上处于互相对立的位置上，即相位角为180°。正是因为如此，一方所具有的色味感，正是另一方所欠缺的，互补的两种色相可以满足人眼视觉上平衡的需要。这种配色方式利用明度或纯度的变化比较容易达成和谐，是服装配色中一种常用形式。例如，黄色配紫色、蓝色配橙色、红色配绿色等，时尚之中充分展示色彩平衡。

互补色相对比，色彩的对比效果鲜明而又易达成平衡与稳定。然而，需要特别注意用色面积的比例关系，这有助于达到完美和谐的配色状态。歌德的色彩明度比例关系见表4-4-1。互为补色平衡面积的比例关系见表4-4-2，从表4-4-2中可以看出，这一比例关系与表4-4-1所示的比例关系刚好对应相反。

表4-4-1　歌德的色彩明度比例关系

色相类别	黄色	橙色	红色	紫色	蓝色	绿色
明度比例关系	9	8	6	3	4	6

表4-4-2　互为补色的平衡面积比例关系

色相类别	黄色	紫色	橙色	蓝色	红色	绿色
面积比例关系	3	9	4	8	6	6

（二）以明度为主的配色

在服装中，根据明度进行配色的形式并不多见，它和纺织品以明度为线索进行配色设计的基本原理相同。明度是指色彩的明暗程度，一般明度差在3级以上时容易达成调和，所以，服装配色中适当增大明度差，对于达到和谐状态是非常必要的。高明度的朵花图案配上深色调的底色，再加上轻薄、微透明的丝织面料，给人以协调、舒适、高雅之感，是经典的配色方案，它的明暗对比效果强烈，属于明度的高强度对比。

明度就像是音节一样，由浅及深，逐级深入。两种色彩的明度阶差越大，其对比效果也就越强烈。按照两种色彩在明度阶中所处位置差异的大小及配色调子的整体明暗程度，配色方式包括以下几种。

1.高短调

高短调配色是一种服装总体明度较高的配色方式。这种色彩搭配方式在曾在我国20世纪80年代风行一时，它给人明亮、清淡、温柔、高雅之感，多用于女装、童装，也是夏装常用的色彩搭配方式。但由于色彩明度总体较高，色彩个性不突出，易给人模糊之感。例如，粉白色上衣与浅粉色花裙相配，色彩柔和、朦胧，极具女性温柔、清婉之美。

2.高长调

高长调配色是一种服装总体明度较高的配色方式，给人清晰、明快、兴奋、活泼之感，因此，特别适合用于童装、青少年装。不同的搭配方式，可使高长调表现出不同的面貌，因此在各类服装上都有广泛应用。

3.高中调

高中调配色是一种服装总体明度较高的配色方式，给人的感觉既明确又不跳跃，明亮而稳定，比较文静的青年人多选用此种搭配，也是春秋服装多用的色彩搭配方案，应用较为广泛。

在服装的配色中，只要有两种色彩就能形成一种对比形式，所以，当颜色的种类涉及较多的时候，往往是高短调、高长调、高中调中的两种或全部都被采用。但无论如何，它们都是服装总体色调明度较高的配色方式，只是在局部有其他颜色的搭配，而这种颜色可以是高明度色，也可以是中明度色或低明度色。例如，浅土黄的色彩基调，与多种高明度色（如乳黄色、乳蓝色、黄色）、中明度色（如蓝色、橙色）、低明度色（如深蓝色、暗红色）相搭配，形成高短调、高长调、高中调同时并存的复合配色方案。这是注重细节设计的配色，整套服装整体明亮，和谐统一，又不富于视觉的冲突变化。

4.中短调

中短调配色是服装总体明度居中的一种配色方式。比如，中等明度的绿色，配以柔和的暗白色，形成浅灰绿色的色彩基调，给人以温和、模糊的色彩感觉，给人温文尔雅的宁静感。性格温和的人或女性、中年人多选用此种搭配。

5.中中调

中中调配色是一种服装总体明度居中的配色方式。可突出装饰色的个性，比较容易达成协调。与高明度色相搭配时，则会给人一种生动、明确、突出、亮丽、稳定之感，意志坚定的人多选用这种配色方案，它也是年轻人服装的常用配色方案。与低明度色相搭配时，则会给人稳重、可靠、朴素、深沉、高雅之感，传统、稳重的人多选用这种配色方案。

在服装的配色设计中，当选用两种以上颜色时，中短调和中中调可能同时有所体现。它们是服装总体色调明度居中的配色方式，可在局部有其他颜色的搭配，而这种颜色可是高明度色，也可是中明度色和低明度色。

这两种配色方案多用于春秋两季。

6.低短调

低短调配色是服装总体明度较低的配色方式。这种色彩搭配，给人以低沉、忧郁、冷静、朴素之感，多用于中老年服装以及男装和正式场合的服装。

7.低长调

低长调配色是服装总体明度较低的配色方式。这种色彩搭配，虽然是低明度，但给人以激烈、明确、冲突、强烈的感觉，并且由于对比强烈，易达成调和。

低长调搭配方式在选择不同的颜色时，可搭配出不同的性格，所以，在各类人群中，有很广的适用范围。例如，青年人可身着军装绿的背带裤，与浅黄色七分袖上衣搭配；老年人可穿深蓝色的外套，搭配白色衬衣。

8.低中调

低中调配色是服装总体明度较低的配色方式。例如，蓝色收腰休闲外衣与深橙色围巾相配，给人以稳定、沉静之感。低中调的配色方式也应用广泛，常常用于男装和中老年服装。

当在服装中使用几种颜色的时候，搭配色与主色之间可能形成低短调、低长调、低中调中的一种或几种形式。不过它们是服装总体色调明度较低的配色方式，只是在局部有其他颜色的搭配，而这种颜色可以是高明度色，也可是中明度色和低明度色。这三种配色方案，广泛应用于秋冬季服装中。

9.最长调

最长调指的就是黑色和白色的搭配，由于它们处于明度柱上最靠近两极的位置上，因此，称之为最长调。这种配色方式灵活多样，服装的整体色调既可以是低明度，也可以是高明度。同样，当黑白力量均衡时，也可形成中等明度。

服装最经典的搭配方式就是黑白相配，其形式变化多端，能搭配出朴素的风格，也可以是另类的、时尚的。所以，最长调对比形式的应用范围最为广泛，从童装到少年装、青年装、中年装、老年装的使用效果都非常好。

因黑色和白色都是无彩色，所以并不会带来视觉疲劳，即人们不会对其产生厌倦感，比如，说某些服装品牌的用色就只有黑白两种颜色，却能在较长时间内在市场中占有一席之地，而且，变化黑色和白色的比例关系，可以改变服装整体色调的明亮感觉，一年四季均可使用。

（三）以纯度为主的配色

物体表面反射光波长，单一程度越高，颜色纯度也就越高。通常，当色彩的明度居中时，色彩的纯度较高。在常见色中，黄色纯度最高，蓝紫色最低，其他颜色介于两者之间。当高纯度色掺入黑色、白色、灰色或其他颜色以后，纯度将有所降低，甚至不易分辨出是什么颜色，但明度有可能降低，也有可能升高，或是保持不变。在不同的颜色中加入等量的黑色、白色或灰色时，这些色彩由于具有某种相同的"色味"，易达到和谐。

就算是色相环上的色，它们的纯度也是有区别的。所以，以纯度为依据进行色彩搭配并不容易。

1.纯度强对比配色

高纯度色指的就是距离色立体外边缘较近的颜色，由于所含杂质较少，故色相特点明确、突出。低纯度色是指距离色立体中心无彩色明度轴较近的颜色，因在高纯度色里加入了较多的黑色、白色、灰色或其他色相的颜色，使纯度降得较低，色彩纯度也大幅下降。高纯度色与低纯度色相搭配，高纯度色给人以热烈、鲜艳、明确、突出之感，而低纯度色则给人昏暗、阴冷、忧郁、平淡、朴素的感觉。低纯度色对高纯度色的作用，如同"绿叶衬红花"，可把高纯度色烘托得更鲜艳。

该配色方式由于两种颜色并置，可以更加突出彼此的纯度特性，所以，必须采用可以彼此相抗衡的色彩纯度形式。在进行服装配色时，纯度平衡是一个重要的要素，应注意低纯度色所具有的色相倾向。比如，在夏装，选用有红色味的白色上衣与红色短裙会非常协调，但是若将这种白色上衣与绿色短裙搭配就易产生冲突。

如果两色纯度差异较大，很容易形成和谐的配色关系。若纯度较高的黄色和蓝色与深灰色相配，更加强调了黄色和蓝色的纯度，使彼此之间达成良好的和谐关系。纯度强对比配色时，还应当注意面积平衡比例。若想得到平衡的配色效果，应当调整高纯度色与低纯度色的面积比例，当高纯度色面积较小，而低纯度色面积较大时，视觉容易达到平衡；相反，容易产生视觉疲劳。当纯色与无彩色搭配时，纯度差达到最大，而任意的纯色与无彩色搭配时，搭配效果较好。

2.纯度中对比配色

（1）高纯度色和中纯度色。中纯度色指的是处于色立体半径靠近中间位置的颜色，相对高纯度色加入了一定比例的黑色、白色、灰色或其他颜色，因此，色相感有所减弱。高纯度色与中纯度色搭配，高纯度色给人以热烈、鲜艳、明确、突出之感，而中纯度色则给人暗淡、朴素、柔和之感。

这种服装搭配是一种鲜艳的配色方式，色彩个性突出，若使用多种色彩，不易形成调和之势。中纯度色是在高纯度色中加入了少量的黑色、白色或灰色，而使色彩的纯度有所降低，变得含蓄、内敛、稳重、温和。当中纯度色与高纯度色搭配在一起时，中纯度色会显得陈旧、灰暗，甚至有肮脏之感。所以，在进行色彩选择时，要注意色相之间的配合与对明度差的调控，以达到和谐的配色效果。实践表明，当高纯度色的面积较小时，易达到视觉平衡，因而，往往将高纯度色用作装饰色。

（2）中纯度色和低纯度色。因低纯度色色彩纯度较低，往往给人消沉、黯淡、毫无生气的感觉。但中纯度色与低纯度色并置时，低纯度色可将中纯度色烘托得更为鲜艳一些，而低纯度色则更平淡。这种色彩搭配方式，给人沉默、灰暗、朴素的感觉。

在服装中，中纯度色与低纯度色相搭配较容易达到和谐。同样，中纯度色的面积适当低于低纯度色的面积，将有利于达到视觉的平衡。

3.纯度弱对比配色

（1）高纯度色和高纯度色。这种搭配方式，由于色彩的纯度均较高，给人以五颜六色、华丽、活跃、动荡、有生命力、有激情的感觉。因高纯度色个性明确、突出，所以，融合性差，不易搭配出良好的视觉效果。

色彩可通过具有某种规律的循环方式，使多种色彩很好地共处。色彩纯度越高，彼此之间的影响就越大。当两种颜色并置的时候，有将彼此推向更远色相位之感，例如，将红色与绿色并置时，红色更红，绿色更绿。所以，在高纯度色之间，可以用黑色、白色、灰色、金色、银色将它们分隔开，使多种纯度较高的颜色能够和平共处。

除此之外，高纯度色服装，对人的肤色要求较高，这是高纯度色融合性差的表现之一。白皮肤的人穿各种颜色的服装都很适合，皮肤较黑的人，若选择红、黄等亮丽的颜色，会使皮肤显得更黑。

（2）中纯度色和中纯度色。这样搭配出来的服装，因颜色的鲜艳度有所降低，所以会给人以温和、安静、成熟、和谐之感。尽管几种颜色都是中纯度色，但色彩个性还是比较明确。

除此之外，基于图形、色彩面积、搭配方式等因素的影响，即便是使用几种相同颜色搭配而成的服装，具体的配色效果也可能会表现出不同的效果。

（3）低纯度色与低纯度色。可通过提高明度和降低明度两种方法来改变色彩纯度。若使用同为经过提高明度而得的低纯度色进行搭配，则可搭配出较明亮的色调；若使用同为经过降低明度而得的低纯度色进行搭配，则可搭配出较暗淡的色调。通过上面两种方法搭配出来的服装，色调一明一暗，色彩个性不明确，易给人模糊、单调之感。还可采用拉大明度差的方法，使用高明度的低纯度色和低明度的低纯度色相配，对比效果较强。

（四）套装的色彩

套装是指在面料、款式、色彩等方面构成互相衬托、互相制约关系的服装总和。套装主要有上班族穿用的职业装、运动时穿着的运动服、正式场合穿用的礼服、休息时穿用的家居服或睡衣、特种职业者穿用的特种职业服。

为了保证套装配色的完整性，进行套装配色时，必须综合考虑每个部件的色彩。以某种色彩为主或以某种色调为主，是套装配色最常用的两种方法。

以某种色彩为主的配色，可采用一种颜色进行色彩搭配，整套服装基本为一种颜色，甚至连纽扣的颜色都与服装用色相同。这种完全一致的配色方法，使服装看似单调，其实非常醒目。还可以通过变换色相的明度、纯度来丰富色彩感觉，这种方法不失整套服装的协调性，也是套装中比较常见的配色形式。另外，也可以以一种色相为主色，搭配一些小面积的装饰色，形式与服装主色呈邻近色、中差色、对比色或互补色的对比形式。这种配色方式更为常见，尤其在春秋季服装中应用较多。

春秋季的套装，还与内外服装的搭配问题有关。因外套在衬衫等内衣的外面，内衣不显露或只露出领子、袖口等一小部分，所以，外套的颜色为整个色彩搭配的主色调，内衣的颜色可以顺从主色调，保持服装的整体一致，也可以选择具有对比效果的颜色，起衬托或装饰的作用，使整套服装更具层次感。比如，外衣为深色调，则内衣选择浅色调；外衣为浅色调，则内衣选择深色调；外衣为低纯度色，则内衣以高纯度色画龙点睛；外衣为高纯度色，则内衣选择无彩色来形成鲜明对比。

如果套装是上下套装结构，或者采用分割设计，款式或者缝线等会将整套服装划分为多个配色区域。这些不同区域可以使用不同色彩，这种配色方式在套装配色中也有较高的使用率。如果分割区域很多的话，就可以有多种配色方案，但应把握用色的整体感觉，否则会使色彩显得凌乱、繁杂。通常，套装的比例应当符合黄金分割比，这样能得到比较好的视觉效果。

睡衣、家居服、特种工作服这样的套装具有防护性、标志性等功能，这类服装的功能性是使用者穿着的主要目的。例如，睡衣宽松的款式和舒适的色彩，为穿着者增添了浓浓睡意；醒目的饰边设计，可以使交通警察和环卫工人容易被人发现，避免发生意外。

二、服装色彩设计的相关因素

不同的色彩搭配，会表现出不同的视觉效果和性格特征。服装要达到和谐的效果，就需要将面料的风格与穿着者的肤色、气质等特征和穿着环境相结合。

（一）色彩与人体因素

由于人与人之间的性别、年龄等生理条件的差异，不同的人有不同的穿衣体验和感受。有时我们会遇到这样的情况，同样的衣服穿在模特身上看起来很漂亮，但对我们自己却没有那么好的效果。这可能是由于不同的人有不同的气质，然后导致完全不同的穿着效果。事实上，每个人都可以有不同的配色方案，但日常的衣服只需要方向正确，基本不会有大的偏差。

人对服装的影响是非常重要的。从穿衣者的年龄来看，老年人适合穿低纯度、低明度的衣服，以配合老年人宁静、稳定的气质，而高纯度则会给人一种温暖、跳跃的感觉。鲜艳的衣服会给老年人一种积极向上的态度，让他们气色看起来很好。根据不同的季节，中年人可以选择中纯度、低纯度和各种明度的衣服。年轻人正处于人生的黄金时期，他们自身的气质使他们能够选择多种服装颜色。孩子们性格调皮，对鲜艳的色彩有很强的鉴赏力和感受力。他们的衣服大多是高纯度、中等亮度和色度。老年人和儿童的服装的颜色选择受性别差异的影响最小；相反，中年人和年轻人服装的颜色选择受性别差异的影响很大。女性通常会选择纯度更高、光泽度更高的颜色，给人一种温暖、典雅、明净的感觉。男性通常选择纯度较低和亮度较低的颜色，给人一种平静沉着的感觉。

人的肤色决定了服装配色。各种肤色都有其对应的适应色调，穿着者如果可以了解自己的肤色和肤质状况、自己肤色相适应的服装色调，就可以非常容易选购到适合自己的服装。肤色偏黑的人，不要穿过于浅色或深色衣服，浅色衣服将皮肤衬托得更黑，深色衣服令形象模糊；肤色偏黄的人，不要穿黄绿色系的服装，以免给人面色青黄的不健康感；皮肤青白的人，不要穿蓝色、绿色衣服，以免让脸色显得更白；皮肤粗糙的人，不要穿娇嫩色的衣服，以免使人的皮肤显得不细腻。

（二）色彩与环境因素

服装的环境要求通常由气候环境、风俗习惯或社会规范决定，即客观和主观要求。根据色彩心理学的原理，红色、橙色等颜色可以使人感到兴奋和温暖，所以人们在寒冷的季节选择暖色作为服装颜色。相反，在炎热的夏季，人们会选择浅色轻便的衣服，尽可能地向外界散发热量。同时，人们通常会选择冷色系的颜色作为夏装的颜色，给人心理上带来清凉舒适的感觉。这就是所谓的客观要求，是气候条件对服装面料物理性能和色彩的要求。

在日常的工作、学习和生活中，人们不得不根据习俗和社会规范的要求来选择衣服。工作时，人们会选择职业套装、工作服等，以适应严肃、庄重的工作环境，使穿着者体现干净、专业、可信。服装采用低纯度的色彩，给人一种严谨、冷静、公正的感觉。如果衣服的颜色为粉红色，权威感就会被破坏。例如，在机场、火车站、邮局、饭店等场合，工作人员一般都着装得体，而且服装通常色彩鲜艳，突出且具有识别功能。因为高纯度的色彩可以吸引视觉的注意，让人容易识别，让员工可以更好地为人们提供服务。相反，在学校，这种吸引人的颜色通常被避免，以避免分散学生的注意力。我国中小学生的校服通常是蓝色或绿色的，而不是红色、橙色和其他令人兴奋的颜色。而在日常生活中，人们需休息、放松，所以非常喜欢穿着具有休闲风格的服装，以与家庭中温馨、舒适、随意的气氛相适应，通常这类服装的色彩柔和，给人以宁静、安详、舒适之感。

随着生活水平的提高，人们对服装色彩的主观要求，是对服装风格特点、精神内涵的一种追求，已逐渐成为现代人穿衣理念的主体。

在一些特殊场合，如婚礼、葬礼、颁奖典礼、毕业典礼、演出等场合，选择服装时就要考虑这些场合的气氛，选择适当颜色和适当款式的服装。颁奖或毕业典礼是一种正式场合，通常较隆重，是对优秀人物的嘉奖或对个人能力的一种资格认定。在这样的喜庆气氛中，应该穿着正式的服装，而且可以选择红色等可以衬托喜庆气氛的鲜艳颜色。参加婚礼也应选择能够配合喜庆、热烈气氛色彩的服装。中国人在婚礼中有穿着红色的习惯，就是这个道理。而在参加葬礼时，颜色一般为黑色或白色，选择那些能够体现凝重、肃穆、悲凉气氛的服装。

（三）色彩与服装构成因素

服装风格设计与色彩搭配密切相关，色彩的选择取决于设计的风格特点。例如，一件制作精美的晚礼服，华丽的色彩和夸张的造型，可以说是相得益彰。再如，运动装的动感，采用符合人体运动生理的剪裁和缝纫工艺，加上醒目、跳跃的色彩，才使许多元素达到了和谐。

另外，原材料的颜色也要一致，或者可以协调。比如，咖啡色和浅咖啡色的外套衬里的搭配效果。

三、流行色与服装

（一）流行色

流行色是合乎时代风尚的颜色，也就是"时髦色"。在某个时期内，可能有一些颜色会受到某个地区人们的偏爱，甚至只是其中的某个人群中多数人的喜爱，并且得到广泛使用。那么，这在当时、当地就是一次色彩的流行。所以说，流行色是一个涉及人、时间、地区、社会等因素的综合性课题，故也有人把流行色定义为某一时期里，在某些地区或者国家流行并达到消费高峰的、带有倾向性的色彩。

流行色并非专门用于服装领域，在建筑、装潢、包装、家具、交通工具等很多领域都有应用。

1.流行色产生的原因

流行色的产生、形成模式至今没有统一的定论，往往认为流行色的最初形成是由于人们朴素的审美意识和从众心理，导致了小范围内"流行色"的形成。

一种传播方式是"由下而上"的，它是从民间发起，由于某些人审美意识的不谋而合或互相影响，并互相认可，从而在一定范围（时间、地点）内，形成某一种或某几种色彩的集中使用。这种"由下而上"的传播途径，由于很少有媒体的参与，故而传播速度较慢，范围也相对小很多，一旦形成，多成为能够流行较长时间的精品色。例如，牛仔裤的蓝色至今仍在广泛应用。

另外一种是"由上而下"推广开来，就像法国社会学家塔尔德（G.

Trade）在《模仿规律》一书中写道："模仿就像瀑布那样从上到下，从高阶层向低阶层流动下去。"上层社会或是服装专业人士等所喜爱的服装及色彩搭配方式，由推崇他们的下层人士所接受并大量模仿。例如，二十世纪五六十年代，法国巴黎的高级时装店对服装业及人们的审美意识影响很大。他们在时装发布会上所倡导的色彩，极大地影响着当时社会的流行色趋势，甚至某些国家的服装行业不进行独立的设计，而是对法国的设计师们的作品进行模仿，形成了由上层社会倡导，并逐步向民间传播。由法国服装界牵头，向其他几个欧美地区国家传播的一种流行传播模式。

2.流行色研究和发布机构

随着科学技术的发展和进步，第二次世界大战以后，工业化程度达到了前所未有的高度，色彩研究的重要意义也逐渐显示出来。由于生产能力和生产水平过剩，企业为了刺激消费，通过不断地变换产品的色彩来加速商品的周转流程，缩短其使用周期，以加速资金的积累。在日本，商品每年一般要周转16次，每个季度周转4次，如果资金少采用小批量进货方式，则不得不提高周转次数。如果想要使商品顺利周转，就必须准确地预测下一季流行色。如果预测准确，产品适销对路，就会盈利并使企业得到发展；相反，如果预测错误，完全可能使企业面临倒闭的困境。流行色的研究工作，一开始是由各个工厂、企业或销售公司秘密独立进行。他们出于对利润的追求，凭借经验来推想或预测未来的流行色。然而，这种方法的局限性非常大，很难准确地理解和预测，有时由于错误的判断，不可避免地会对生产和销售产生负面影响。后来，世界上许多国家建立了流行色彩科学研究机构，并提前发布了官方对流行色彩趋势的预测，这对纺织设计和服装企业的生产具有重要的指导意义。

在色彩研究方面，拥有悠久纺织、纤维生产历史的英国成立了最早的色彩研究机构——英国色彩协议会，总部设在伦敦。之后，美国在纽约设立了纺织品色彩协会，法国在巴黎设立色彩研究机构，德国、意大利、瑞士等一些西方发达国家和地区也纷纷成立色彩研究机构。在亚洲地区，中国（中国丝绸流行色协会）、日本东京（日本流行色协会）、韩国、菲律宾等很多国家和地区也都已先后开设了这样的研究机构。发展至今，现在全世界很多国家都设有色彩研究机构，研究活动十分活跃，每年都会有大量的研究成果和色彩流行趋势预测发布出来。

下面以当前对国际流行色研究和预测最具权威性和影响力的团体——国际流行色委员会（INTER COLOUR）的设置及工作情况为例，加以介绍。

国际流行色委员会成立于1963年9月9日，国际流行色委员会的全称是"国际时装、纺织品流行色委员会"，英文全称是"INTERNATIONAL COMMISSON FOR COLOUR IN FASHION AND TEXTILES"，简称"INTER COLOR"或"ICC"。发展至今，已有二十几个成员国。其中，我国是在1983年2月以"中国丝绸流行色协会"（英文简称CFCA，1982年2月成立，1985年改名为中国流行色协会）的名义，正式加入"国际流行色委员会"，成为会员国。宗旨是"开展国际流行色的学术研究，组织国内外学术交流，提供国际流行色信息，美化人民生活，提高色彩应用的艺术水平，为我国经济建设服务。"国际流行色彩协会的使命是研究国内外色彩流行的趋势。来自不同成员国和地区的专家每年举行两次会议，讨论未来18个月的春季、夏季或秋季和冬季的流行色。该协会讨论、投票并挑选三套被所有成员国普遍认可为本季度流行的颜色，分别是男性、女性和休闲服的流行色。发布流行色彩预测，发布国际流行色彩卡和各种工具，发布《流行色彩》杂志。

还有一些其他的研究机构，也将流行色的研究和流行趋势分析作为工作内容的一部分，如国际羊毛事务局（IWS）、国际棉业振兴会（IIC）、法国服装工业协调委员会等。并且，它们中的一些工作者先后以观察员身份加入国际流行色委员会，参与其流行色的研究及发布工作。这些机构担负着针对本国的实际情况，来进行流行色的预测、选定和对生产销售的指导任务。

另外，还有一些社会组织，对流行色进行研究，并对研究的情报进行有组织的买卖，从中获取利润，如美国的INTERNATIONAL COLOR AUTHORITY等。

国际流行色委员会还联合国际时装业的研究组织和化学染料生产集团，共同研究和发布流行色趋势。同时，通过报纸杂志、广播电视等各种媒体，广泛宣传推广，在欧洲地区逐渐形成流行趋势，这种流行趋势又不断地对其他地区产生影响，如美国、日本、中国香港等国家和地区，他们互相模仿，然后波及整个纺织品国际市场。

流行色的研究和预测工作，在当今纺织服装业中显得尤为重要。同样材质制成的服装，可能仅仅由于一种为流行色，就可以比另外的非流行色服装多卖3倍的价钱，也可能使一件服装仅仅因为选用的是非流行色，造成无人问津的局面。可见流行色的力量是多么巨大，所以，纺织服装企业都在为判断选择下一季的流行色费尽心思，争取不会错过产品推入市场的最佳时机。同时，各个流行色研究机构还有一项重要的工作，就是在发布一届流行色之后，进行结果检验。检验方式仍然是社会调查，主要调查人们在服装及其他生活用品方面对流行色应用的程度和范围以及企业在运用流行色方面所获得的经济效益等。这些结果一方面用来检验流行色预测的准确程度，另一方面也是下一届流行色趋势预测的重要依据。

（二）流行色的规律和预测

色彩流行存在自身规律，其中会受到社会大环境的影响，也会受到人们心理和生理方面的共同追求的影响。一些专家的灵感并不能促进颜色流行的社会趋势，但有必要通过专家的严密分析和全面观察来预测颜色流行的趋势。大众色彩预测涉及自然科学的各个方面，是一门预测未来的综合性学科。通过不断探索和分析，人们已经总结出一套科学的预测和分析的理论体系。

1.研究流行色要考虑人的审美心理

从色彩心理学的角度来看，当出现一些不同于以往色彩的颜色时，会引起人们的注意，引发人们新的兴趣。人对事物的感受要经过新奇、熟悉、麻木、厌烦几个阶段。人们反复受到一种颜色的视觉刺激，一定会感到厌倦，也就是说，人对事物不可避免地有"喜新厌旧"的情绪。流行色总在不停地变换，就是在不断地适应人们的心理需求，满足人们对新色彩系列的视觉期盼。只要人们有"喜新厌旧"的情绪，流行色就不会停下更新的脚步。设计师们就会不断推出新的色彩系列，就会不断诞生新的流行色系列。

2.流行色受社会风俗习惯等的影响

由于各个国家和民族在政治、经济、文化、科学、艺术、教育、生活习惯、传统风俗等方面的差异，他们所喜爱的色彩也有很大差异。当一些颜色结合了一些独特的特点，符合公众的理解、理想、兴趣和欲望时，这些具有特殊情感力量的颜色就会流行起来。中国人偏爱红色，结婚办喜事，从新娘的礼服到贴得到处都是的"喜"字，都是红彤彤的，透露出一种喜庆气息。而有些国家却认为红色是血腥杀戮的象征，对红色是很忌讳的。这并没有对错之分，只是社会风俗习惯不同而已。对流行色的选择同样也受社会风俗习惯的影响，日本的色彩学家曾专门做过研究，亚洲人比较偏爱红色，当红色流行时，往往会达到15%的使用率，不过当其他颜色流行时，通常很难达到这种流行程度。

3.流行色受一些重大历史事件的影响

由重大历史事件引发的某种或某几种色彩的流行，是非常突然且迅速的，服装生产厂家必须敏锐地捕捉到流行信息，才能获得足够的竞争优势。

4.流行色受自然环境的影响

自然环境指的是人们生存环境的全部构成因素，如植被的覆盖情况、气候特点、空气质量、光照情况等。中东的沙漠国家，因为很少看见绿色，而将沙漠中的绿洲作为生命的象征，对绿色充满热爱。在我国山清水秀的南方城市，温柔娇美的南方姑娘很适合穿着含蓄、雅致的色彩。不管是同一地区的，还是不同地区的季节、气候、自然条件等的变化，都有可能使太阳光的一些微妙变化，从而引起人们对色彩感觉的一些微小差异。这些微小差异会对人们的色彩选择产生一定的影响，从而对流行色造成影响。季节对流行色有很大的影响，不同季节，人们喜爱的颜色是有区别。国际流行色协会每年发布的流行色也分为春夏、秋冬两季。春夏流行色较亮，秋冬流行色较暗。

5.流行色的流行过程有周期性

所有流行色都一定会经历导入期、上升期、高潮期、衰退期、消亡期，才完成一个流行周期，一般需要经过3～5年的时间。从让人感觉新鲜而乐于接受，再经过逐步普及的过程，使流行色在人群中得到尽可能广泛的使用，再到人们因为感觉太熟悉而厌烦，心里暗暗地期待新鲜色彩的出现，流行色经历了从产生到消亡的全过程，从而完成流行的一个周期。我们通常用抛物线的形式表示，每次流行可能会因具体情况的差异，其上升期和衰退期的曲线倾斜角度而有所不同，如图4-4-1所示。

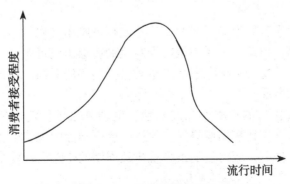

图4-4-1 流行色的周期性

有研究理论认为，流行色具有某种互补的周期性。人眼对色彩的感知具有视觉疲劳性，在某种情调的色彩流行一段时间之后，无论是对于色相、明度、纯度，还是对色彩的前进和后退感、膨胀和收缩感，色彩给人的兴奋和沉静、温暖和寒冷、沉重和轻快、华丽和朴素、柔软和坚硬、明亮和灰暗等的感觉，都可能产生视觉疲劳。如果产生了视觉疲劳，就需要有与以前互补的色彩进行调节。

根据日本流行色协会的研究可知，蓝色与红色往往同时流行。蓝色的补色是橙色，红色的补色是绿色。当蓝色与红色流行时，绿色与橙色一般不流行。如果说蓝色与红色构成流行周期的一个组成部分的话，绿色与橙色则成为流行周期的另一半，合起来就是一个周期。一个周期通常为7年，而这是由人的生理规律决定的，人的生理每7年完成一次总代谢，即一个互补过程完成所需要的时间。流行色的高潮持续1年半左右，为新鲜感时期，到3年半左右是交替期，市场上会出现白、灰、黑等搭配色，之后起互补作用的色彩系列渐渐地成为新的流行色。

色彩明度的流行变化，可能涉及太阳黑子的活动。有数据表明，当太阳黑子数量较多的时候，女装流行色的明度相对下降；而当太阳黑子数量减少时，女装流行色的明度有所提高，淡色的比例上升。

服饰学家弗龙格在《穿着的艺术》一书中写道："在一次时尚的发起中，对时尚的建议部分取决于建议者的固有声望，部分取决于接受建议人的情感。"每年的流行色发布都会有几个主题色，大概一二十种色彩，相互对比呼应，被接受的流行色方案即演化为真正的当季流行色，而没有被消费者接受的那一部分方案，就只能发挥出推荐的作用。

流行色的传播类似于服装时尚的传播，那些时尚人士或是对色彩有敏锐洞察力的先锋派，有这样的统计，一种服装款式如果能够被5%～15%的人喜爱并且穿用，就是时髦的装束了；若达到15%，就已到达流行的高峰。

流行色的交替周期同样如此，虽然流行色发布机构每年都会推出新的流行色彩系列，但每一个系列从出现直至最后退出流行舞台，一般也需要3～5年的时间。每当一个色彩系列达到流行高潮的时候，就开始孕育下一季新的流行色彩系列了。

掌握了流行色的规律性和周期性，就能开始进行流行色的预测工作了。但是，这种规律和周期只能作为流行色原则性的规律，在某些特定的环境和历史条件下，流行色的出现规律及周期的长短会一反常态，有特异性变化。

（三）流行色在服装设计中的应用

实际上，流行色的预测和发布并非最终目的，其最终目的是看它是否得到广泛的认可和应用以及流行范围的大小等。每年流行色研究机构以各种形式发布流行色信息，为纺织、服装等行业的生产提供指导，并对设计师的设计和消费者的消费行为产生影响。但并不是各种被发布的流行色都会得到市场的接受，其中一部分由于各种原因可能被排斥在市场之外。流行色本身没有什么美和不美的问题，流行色是否能够被接受，关键要看它与使用者的风俗习惯以及心理预期等因素之间是否存在矛盾。作为一名服装设计师，一定要掌握目标市场对色彩的喜好，清楚他们在不同时期对色彩的预期效果。

流行色并非单独或孤立的一种或者几种色彩，它们通常源自自然环境中的一组相关的、带有联想性和某种色彩倾向性的色彩系列。例如，绿色，我们难以说清哪一个是自己所需要的，所以，往往将偏黄的、偏蓝的等多种近似的绿色组成一组。而流行色组往往以某个主题为中心，传达一种色彩情绪、色调感觉。例如，海滨色是由灰紫、浅香草、浅镍灰、浅血牙、红茶、象牙白、月蓝、桃红、鹅黄、浅黄绿等组成。设计师在应用流行色进行服装设计时，并不是将色彩研究机构所发布的色彩系列中提到的所有色彩全都使用上，而是选择几种色彩为主色，其他色彩用来与之相配，作点缀衬托之用。除此之外，未必要选用流行色卡中所列色彩才叫使用了流行色，设计师可以按照自己对所发布流行色的理解和感受，抓住其本质特征，结合自身产品的特点，勇于创新，只要适应于此季流行色的色彩气氛就能使用。

设计服装的过程中，核心在于把握住色彩的风格特点、色调特点，因为流行色彩适应了当时的社会环境，是人们审美情趣与社会气氛之间的某种吻合，实际上是人对环境做出的一种心理反应。所以，这些色彩可使穿着者产生某种和谐感。

设计服装的过程中，还必须考虑面料风格特点与色彩感情的配合，以与服装款式和造型配合，力求使色彩语言的运用更为准确，更有针对性，从而达到设计的目的。

第五章　纺织品图案与色彩的结合设计

本章对纺织品图案与色彩的结合设计进行阐述，从服饰图案与色彩的设计应用和家用纺织品图案与色彩的设计应用两个方面展开。

第一节　服饰图案与色彩的设计应用

服装设计师借服装作品表达设计理念与生活主张，通常设计是由灵感的带动和激发进入系统的设计构思流程。设计师从自然景象、社会动态、民族文化、科技时尚以及日常生活等各个方面捕捉所有可以成为设计构思的灵感素材。在设计构思过程中，需综合考虑服装的定位、风格、主题、季节变化、流行趋势、消费群特征以及穿用场合等因素。需一一落实服饰的款式造型、面料材质、色彩搭配、图案装饰细节以及工艺技术等要素，从而使服装作品最初精神层面的抽象思维经服装作品的物质化造型来呈现出来。

服装色彩与图案设计是服装设计的重要组成部分，与服装的型、色、质等制约因素相契合，并且随着时代的发展逐渐多元化、复杂化。服装色彩与图案设计创作过程中应当围绕主题、风格以及穿着者展开。服装色彩的整体设计是服装设计的精髓部分，集中体现了服装设计构思。它广泛运用于品牌服装的研发企划、时装秀场上设计师设计的精美服饰作品、热爱生活美化装扮自我的着装上。服装图案设计是展示服装色彩的物质化表现之一，其最终要经工艺技术呈现在具有柔性特征的纺织面料上。所以，加工工艺对图案的最终视觉效果和使用也会有一定影响。

常用的加工工艺包括两类：传统工艺与现代工艺。传统工艺有蜡染、扎染、剪切、编织、手工绘染、花色面料拼接、不同肌理面料拼接以及服装缝制工艺等；现代工艺指通过计算机程序编排控制，借助现代机器设备，结合科技手段实现的，如数码印花、数码绣花、激光镂刻花、热转移印、多功能压褶以及丝网印等现代工艺技术。

按照功能用途往往可以将现代服装分为职业装、休闲装以及礼服等几大类。同时，童装产品在服装色彩与图案设计上有着独特的特点，接下来我们将对其进行具体阐述。

一、职业装色彩和图案设计

职业装指的是为具有公众身份或职业身份场合的需要而特制的有规定式样或者风格的服装。职业装的特点表现为鲜明的系统性、功能性、象征性、识别性等，可以明显地表示出穿着者的职业、职务以及工种。不仅可以使行业内部人员迅速准确地互相辨识，以便进行联系、监督以及协作，而且对行业外部人员传达一种提供服务的信号。配套性是职业装最大的款式特点，具有完整、协调、统一的效果。职业装的色彩处理是以实用目的为主的机能配色，职业装色彩搭配的敏感度非常高，它除了劳动保护外，还有职业标识的作用，色彩有着十分重要的位置。根据服装穿着目的和用途的不同可以分为职业制服和职业工作服。

（一）职业装的配色设计

1.职业制服的配色设计

职业制服是由国家相关部门统一制定、有使用规定的。例如，人民武装警察、公安机关、国家安全部门、卫生部门以及工商行政管理部门等代表国家某一职能的部门，表示穿着者在其行业范围内有行使职责权力的服装。职业制服的标识性和功能性等特征通过服装的色彩来表示，例如，橄榄绿的警察制服带来的威武和庄严感；白色或者柔和浅色的医护人员服装带来的洁净和平和感。服装面料材质根据使用要求通常选用毛织物或者混纺织物，如海军呢、大衣呢、涤卡等。

2.职业工作服的配色设计

根据职业工作服不同的使用功能可分为两种类型：防护型和装饰礼仪型。其中防护型工作服为特殊作业的员工在工作时提供便利与防护伤害的服装，要保证穿着者操作灵活、便利、安全；色彩选择上要符合职业特点、穿用环境、职业形象、岗位要求等，如环卫工人、养路工人们的橙黄色工作服具有注目性。而装饰礼仪型的职业工作服属非国家规定统一着装部门，为企业形象和工作需要而自行设计研发的工作场合穿着的服装，如宾馆、商场、酒店、美容院等工作人员穿着的服装，主要是用来反映职业特征及群体凝聚意义的服装，款式造型符合职业风格特点、穿着方便、服饰配件统一。职业工作服在色彩设计上通常以单色或者两色为主，再配以其他色彩，其他对比性纯度、明度色彩或者图案作为点缀。材质面料的选择上，防护型职业工作服材质有着非常强的防护功能，如防辐射、防油、阻燃等功能。装饰礼仪型职业工作服材质通常选择结实耐用、易打理的化纤材料或者混纺织物，如涤/棉、涤卡、工装呢等。

职业装可供选择的色彩有：明度高、纯度低的色彩有柔软感；明度低、纯度高的色彩有坚硬感；中性色系绿色和紫色有柔软感；无彩色系黑、白显坚硬，灰色显柔软；明度短调、灰调、蓝调显柔软，明度长调、红调显坚硬。

（二）职业装的图案设计

通常情况下，职业装的图案在整体服装造型上处于辅助、点缀位置，例如，整身使用图案，面料也会选择低纯度的同类色或者类似色搭配的暗纹织物。图案设计应当和整体服装造型相统一，图案使用通常为团队的徽章、方格纹样、传统织锦纹样或者由企业LOGO创意整合纹样。在职业装的设计中，单独的图案在服装整体造型中的占比较低，不过意义重大。在设计过程中，需设计师用心整合、严谨搭配。

（三）具体设计过程

在设计职业装时，需要根据客户的要求，并全面考虑职业特征、团队文化、体型特征、年龄结构以及穿着习惯等，从服装的色彩、面料、款式、造型、搭配等多方面进行考虑，设计出最佳设计方案，为顾客打造富于内涵及品位的全新职业形象。在设计过程中需严格把握以下原则：国际统一原则、行业统一原则、相对稳定原则、行业特点原则、实用经济原则以及审批认可原则。

1.行业调研

设计师首要的工作便是进行目标行业的相关调研，弄清楚这一行业的职业特点、相关要求以及行业规定等，为之后的某一类型的职业装设计打下基础。

2.穿用群体调研

设计师在了解行业相关特点之后，便要考察分析实际穿用人群。主要了解企业的背景资料、职业装的穿着环境、形象LOGO、工种分类、活动方式以及行为性质等具体的内容要求。

3.效果图绘制

设计师调研整合一系列信息以后，就要开始具体的设计环节。设计职业装的款式构成、色彩搭配，并选择面辅料，然后进行细节装饰设计。设计师需提供多种变化方案给穿用方进行对比与选择。职业装的色彩选择和应用要听取穿用方的要求和意愿，例如，企业规定色彩设计师需要积极配合，要在材质选择和色彩视觉还原度上为其提供最佳方案选择。在职业装的图案使用上，若企业已注册有徽章或者LOGO，那么在图案的结构和配色等任何细节上是不能任意修改变化的，不过可在徽章或者LOGO的工艺实现层面上提供更好的建议。

4.样衣制作和审核

一旦设计方案通过，便可以进入样衣试制、模特试穿以及评估审核阶段。再综合各方意见建议，进行职业装的修正和定型环节。

5.生产制作

在职业装定型以后，设计师需要和工艺技术人员制订出投产使用的工艺单，详细说明服装的生产工艺参数。

二、休闲装色彩和图案设计

休闲装是大众日常最广泛穿着的服装，指的是人们在无拘无束、自由的休息或者娱乐等非正式场合中穿着的服装，展示简洁自然的样貌。在当前市场上，休闲装根据风格用途通常划分成四类：运动休闲装、商务休闲装、时尚休闲装以及家居休闲装。它们之间的区别体现在配色设计、款式样式、穿用场合、材质以及工艺等方面。

（一）休闲装配色设计

休闲装最醒目的部分为休闲装的色彩变化。服装的色彩最容易表达设计情怀，并且易被消费者认可。圣洁的白、坚硬的黑、火热的红、爽朗的黄、沉静的蓝、平实的灰等色彩都具有各自丰富的情感表征，使人产生丰富的内涵联想。此外，色彩还有轻重、强弱、冷暖以及软硬的感受。

1.时尚休闲装

时尚休闲装属于流行服装，一般在款式上重点突出年轻、时髦、个性、追求现代感等，其消费群体主要是众多年轻人，这一类服装通常用于逛街、购物、娱乐、走亲访友、休闲场合的穿着。时尚休闲装在配色设计上色调运用广泛，各种明度的对比、色彩的推移、肌理效果的使用都可以在这一类别服装上充分地展现出来。时尚休闲装在造型上有着比较多的变化和设计，能够彰显其浪漫、民族、田园、街头以及都市等风格。时尚休闲装的面料种类繁多，不管是机织面料、针织面料，还是裘皮、皮革、涂层、闪光、轧纹等经过特殊处理的面料，均可选作时尚休闲装的面料，从而丰富服装的肌理效果，展示时尚和前卫的风格特征。

2.商务休闲装（职业休闲装）

这一类服装是为了迎合人们日常穿用和非十分正式的商务约谈等场合穿着所设计的，在款式上不仅具有职业装的稳重、优雅、简洁，而且具有休闲装的轻松、随意的特征。商务休闲装的穿用环境往往是宽松的职业交流、日常工作等具有一定正式性、公众性的场合。该类服装造型比较稳定，线条自然流畅；材质常常以天然纤维织成的机织面料、针织面料为主，当然还可以采用毛织物、混纺织物、裘皮以及皮革等面料。配色设计上一般是中性色，色调趋于明色调、明灰调、中灰调、暗灰调。色彩关系通常以低饱和度、低纯度出现。心理上使人们产生淡定、安稳、睿智、敏锐的联想，使穿着者感到轻松、沉静、庄重。

3.运动休闲装

在款式方面，既具有专业运动训练装，又具有日常休闲装的特征，具备一定的功能作用。通常是用于满足人们日常体育运动、度假休闲等需要。在材质的选择方面往往以满足人体多功能需求，以舒适耐穿为原则，通常选用防水透湿、吸汗快干的棉、防水绸、黏/棉、锦纶塔夫绸、涤纶仿丝等机织、针织衣料为主。配色设计上，以高纯度有彩色为主，色彩大胆鲜明，色调倾向纯色调、中明调或者明色调。通常色彩关系以高饱和度、高纯度或撞色搭配出现。通过色彩的兴奋和沉静，带给人们积极、青春、自由、希望、快乐的联想，从而使穿着者感到兴奋、激动、富有生命力的满足感。

4.家居休闲装

将家居服的元素添加到原本的休闲装中，款式兼有内衣和便装的特点。这一类服装是人们日常家居环境下穿着的服装，其款式设计简洁、自然、舒适，有一定的功能性。面料材质以舒适、柔软为主，可选用棉、涤/

棉、涤/黏等混纺织物或丝绸、麻以及麻混纺等织物。近年来，也非常流行再生纤维和其他纤维混纺，例如竹纤维、莫代尔纤维等材料制成的面料，透气、柔软以及轻薄等材质特性，更符合人们的穿用需要。配色设计上主要采用单一色相、纯度较低的中灰调、明色调。凸显穿着者柔和、放松、安定以及温和的情感需要。

（二）休闲装的图案设计

休闲装的图案设计需考虑服装的主题、整体定位以及风格。图案设计和服装的整体风格呈现的效果，需从图案色彩、图案题材形式、工艺处理以及装饰部位等角度全面考量。休闲装的图案色彩和服装色彩在搭配上主要分为三种设计方向：短调对比、长调对比以及中调对比。图案题材通常以文字、植物、动物、民族纹样、几何肌理等为主。休闲装的图案题材丰富，不仅包括紧跟时代潮流的主题，还有用现代技术模拟传统工艺效果的具有新古典风格的图案。

随着现代工艺技术的发展，原有的图案加工工艺流程逐渐缩短，降低了打样、加工的成本，拥有了经济、高效等优势。该优势和大批量生产的休闲装完美结合，不仅可以保证相对低生产成本，而且能够提升休闲装的艺术美。图案设计的工艺技术通常以数码喷印、机器绣花等现代工艺手段装饰在服装的胸口、肩、背、腰、腹附近。市场上的数码印花技术通常包括：胶浆、亮浆、多色水浆、环保拔印、胶珠、脆裂纹、绒面发泡浆、植毛、油墨、水印、烫纸、烫片以及闪粉等。在时尚休闲装和商务休闲装中，也会应用机绣、激光刻花以及镂空等工艺技术。

运动休闲装中，T恤的图案，通常是在胸口处装饰一个单独纹样。有相对独立性的单独纹样，并不受外形及任何轮廓的局限，可以单独用于装饰，还可以组合成各种不同形式的单独纹样。构成方式包括对称与均衡形式。服装图案的设计包括：内容的主次、形体大小方圆、构图的虚实聚散、线条的长短粗细以及色彩的明暗冷暖等各种矛盾统一的关系。合理设置各种关系使图案具有生动活泼、动感的特点，需要注意的是，如果处理不好，容易使图案看起来杂乱无章，所以必须时刻把握变化和统一的手法。

（三）休闲装的具体设计过程

市场上销售量最大的服装便是休闲装，人们比较关注休闲装色彩和材质结合之后的效果。利用相应的图案设计作为细节搭配或者点缀，能够更加突出休闲装的完整性和层次感。休闲装设计通常是由大型服装企业的设计部承担的，单独一个设计师难以体验完整的设计过程，设计师的工作只是整个企业产品研发过程的环节之一，产品设计研发实际上是由一个团队来完成的。

1.市场信息的收集

设计休闲装之前，需要做好市场调研工作，清楚市场中的各种信息，为之后的款式造型与构思做好准备。调研的对象及项目有很多，调研的对象有竞争品牌、目标品牌、原料批发商、终端店铺、消费者生活结构变化以及流行趋势等对象；调研的项目有产品构成、流行款式趋势、流行色彩趋势、流行纺织品趋势以及流行装饰手法风格和工艺技术等信息。

2.设计风格的规划

休闲装每季产品更新频率比较快，产品种类众多，属于流行性非常强的产品。休闲装的设计要根据流行趋势和市场需求不断变化，但是在品牌定位下的产品是有相对固定的风格的。每季风格主题的确定包括产品的款式类型、材质类型、色彩倾向组合以及图案装饰题材的方向。

3.效果图的绘制

休闲装企业的图案纹样设计通常由设计部管理下的一个部门或者一个小组专门负责。设计师需要整合品牌定位与当季市场调研的综合信息，根据对艺术设计的理解及市场要求的把握，绘制服装设计效果图。从初级设计到设计定稿的整个过程，需设计师提供的款式数量通常是所需数量的3～4倍。设计的产品要求风格明显、系列设计完整。

4.产品研发评价和审核

服装设计师个人是不能对所设计的产品做出生产决策的，需设计师提供几种完整方案的效果图以及设计素材说明之后，由企业的各职能部门或者相关人员进行集中评价和会审。评价部门通常包括供应部、销售部、生产部、技术部、广告部以及陈列部等。他们可以从各自角度对产品方案做出评价和把握，筛选最佳的方案，进行产品数量、成本、利润、定价等进一步的评估以及资金落实，再安排生产计划。

5.样衣效果复核

制作样衣合格之后才会批量生产，样衣的制作要符合大批量生产的工艺要求。通过样衣进一步审核设计方案，并且要制作工艺单、计算工时、编排工序，为车间生产提供依据，完成整个工序后，就基本完成了一件休闲装的产品设计工作。

三、礼服（社交服）色彩和图案设计

礼服指的是在某些重大场合或者某种特殊活动中参与者所穿着的庄重、个性突出、夸张、正式感强的服装。根据穿着时间，可分成两类：晨礼服和晚礼服。常见礼服包括婚礼服、创意演出服、晚礼服、小礼服以及套装礼服等。

（一）礼服的配色设计

通常情况下，礼服的配色设计能够体现色彩的庄重和华丽，例如，明度高、纯度高的色彩鲜艳华丽，明度低、纯度低的色彩朴实、庄重，红橙色系显华丽，紫色系显文雅、端庄。

1.婚礼服

婚礼服起源于西欧，一般女性穿着的婚纱。我国现代都市女性在婚礼仪式的不同环节，至少会选择一件白色、一件红色两种以上的婚礼服。白色礼服款式往往以复叠式和透叠式为主，色彩选择代表纯洁、庄重、真诚的白色系（牙白、本白、乳白）；红色礼服表现出我国传统的婚礼气氛，款式主要以旗袍及中式服装为主，色彩取象征喜庆、大吉大利的红色。常用面料有欧根纱、网纱、真丝、化纤雪纺以及蕾丝等。

2.小礼服

小礼服是在晚间或者日间的鸡尾酒会等正式聚会、仪式、典礼上穿着的礼仪用服装。裙长在膝盖上下5cm，适合年轻女性穿着，简化于礼服。面料选择范围比较广泛，根据款式特征可以选择真丝、锦缎、合成纤维、新型高科技材料或者印花面料。色彩配置要重点突出整体的风格主题：或浪漫，或民族，或朋克，或前卫，每种风格下均有对应的色彩配置组合。

3.晚礼服（夜礼服、晚装）

晚礼服是在晚间出席一些宴会、酒会以及礼节性社交场合穿着的服装。传统晚礼服注重造型，体积夸张。面料讲究高档，工艺繁复且精致，表现华丽高雅。现代晚礼服设计风格富于变化，设计的主要特征表现为注重个性、强调新奇。面料材质注重新奇、变化。款式渐渐地趋于简约和随意化。晚礼服色彩总的倾向为高雅、雍容、豪华，往往是黑色、白色、红色、绿色等高纯度色彩，表现出绚丽明快、大胆浓烈的醒目特征；也可以采用柔和细腻的粉彩系列，突显端庄、柔美；当然还有斑斓多姿的印花面料；也有金属色、含灰低纯度色等色彩的使用，使礼服更时尚。常用面料有塔夫绸、贡缎、软缎、雪纺以及花边蕾丝等。

4.套装礼服

套装礼服指的是公众人士在职业场合或者正式场合出席庆典仪式、参加聚会或者公众主持等场合穿着的服装。具有非统一性时装式职业套装特征，上下装配套穿着的服装，展示的是优雅端庄、含蓄庄重的公众女性风采。一般由同种同色面料制作，使上下成为格调一致的造型，款式简洁大方，和商务休闲装有相同点。只是套装礼服在款式类别、搭配组合、比例细节以及材质选用等方面会更加严谨，品质显得更加高档。服装材质由于季节不同，通常采用羊绒、华达呢、涤/棉高支府绸、丝绒、软缎、锦缎以及乔其纱等衣料。

（二）礼服的图案设计

礼服的款式存在一定的规则性，如鱼尾、A型、X型等。在基本固定的造型样式下，礼服鲜明的风格特征主要由色彩搭配和图案装饰来完成。图案配色中一种图案至少包含两种色彩，多数图案都使用若干种颜色。在选择单色的时候，可以任意从图案中选择一种，就可以获得非常和谐的色调效果。设计手法上注重图案形状和色彩的关系，使设计师更容易把握图案和服装色彩的关系。

礼服的图案设计主要表现了服装色彩的装饰性特征，而这一特征主要由图案形式来表现。礼服图案题材广泛，视觉效果丰富，工艺技术多样。不管是使用有图案花纹的面料，还是采用钉珠、刺绣、雕花、镂空、蕾丝雕绣、染绘、镶嵌、拼接等工艺手法构成的图案装饰，都赋予服装非常高的艺术价值。图案面料在服装设计中应用得越来越广泛。图案面料比素色面料效果丰富，表现力极强。在服装的整体造型中不仅可以做点缀搭配的材质使用，还可以作为整身设计造型的材质使用。

（三）具体设计过程

1.记录穿着者基本信息

通过穿用场合、目的、身份、时间、角色、身体尺寸和主观愿望等信息，设计师提出风格方向、色彩组成、材质范围、细节装饰、资金组成以及制作周期等初步信息。

2.效果图绘制

设计师在掌握穿着者或者使用方信息之后，需要结合流行趋势明确风格主题，收集灵感素材。再在构思过程中通过勾勒服装草图来表达思维过程，再修改补充，在考虑比较成熟之后，再绘制出详细的服装设计图。设计师可从过去、现在以及将来的各个方面挖掘相关的题材。

服装设计的构思可能由某方面的刺激而产生灵感，也可能需要经过一段时间才能形成，总之，这是一项非常活跃的思维活动。自然界的花草虫鱼、山水、名胜古迹、文艺领域的绘画雕塑、舞蹈音乐、民族风情等社会生活中的一切都能够给设计者以无穷的灵感来源。

3.样式评价沟通

设计师提供的效果图要反映的信息有：造型样式、色彩关系、图案特写以及材质小样等。设计师在与穿着者进行沟通和调整之后，最终明确制作意向。

4.样衣和成衣制作

这一环节包括白坯样衣和成衣制作两个阶段。首先由相关技术人员根据设计效果图进行制板、制作白坯样衣、试穿、调整。再进入正式的成衣制作阶段，期间根据需要再进行至少一次以上的试穿、调整，最终完成成衣制作。

设计礼服的过程中需要先明确有关配色设计和材质使用，之后明确图案装饰细节在服装上的具体位置和比例关系。这项工作一般由设计师在白坯样衣上确定位置后，再绘制在平面纸板上。并且要在工艺单中给出辅料小样、图案配色以及工艺说明，最终实施完成成品制作。在制作方面，礼服设计和其他品类服装有着较为明显的区别，也就是服装的后期图案等装饰细节的深入性、完整性和高档性。

四、童装色彩和图案设计

童装指的是未成年人穿着的服装，包括婴儿、幼儿、少年儿童等未成年人的着装。近些年来，随着国内消费水平的提高和消费观念的改变，童装市场的发展和上升空间非常明显。童装款式品类参考和对照成年人类别日益细分和完整，如儿童户外服、礼服、泳装、训练服等。童装面料要求比成年人更为严格，面料和辅料越来越注重舒适、安全、天然、环保，针对儿童皮肤和身体特点，通常采用纯棉、涤/棉、天然彩棉、毛以及皮毛一体等无害面料。

（一）童装的配色设计

童装的配色设计不仅追随成人服装的色彩流行趋势，同时还有其独有的特点。高纯度的色相推移、撞色效果以及粉彩色系的应用，都反映了儿童活泼、可爱、自信、大方的个性。

1.婴儿装

婴儿的身体特征表现为发育快、皮肤细嫩、体温调节能力差、睡眠时间长、排泄次数多、活动能力差。婴儿装一定要注重卫生和保护功能，婴儿装应当具有简单、宽松、便捷、舒适、卫生、保暖、保护等功能。服装应当柔软宽松，采用吸湿、保暖以及透气性好的织物制作。

2.幼儿装

幼儿时期的儿童行走、跑、跳、滚、爬、嬉戏等肢体行为使儿童的活动量大，服装很容易就会被弄脏、划破，所以幼儿装的服用功能主要体现在便于穿脱和洗涤。因幼儿对体温的调节不敏感，往往需要成人帮助及时添加或者脱去衣服，所以幼儿一般穿背带裤、连衣裙、连衣裤等，要求结构简洁，便于穿脱。

3.少年装

少年装还可以称作学生装，主要是小学到中学时期的学生着装。考虑到学校的集体生活需要，可以适应课堂与课外活动的特点，款式不应当太过烦琐、华丽、触目，通常采用组合形式的服装，学生装的服用功能主要体现在有活力、运动功能性强、坚牢耐用等方面。

4.礼服

随着人们生活水平的不断提高，诸如生日服装、礼仪服装也越来越普遍。此类外观华美的正统礼服，增加了庄重、喜庆的气氛，有利于培养孩子的文明和礼仪意识。

5.休闲装

儿童休闲装设计应当重点强调功能性、款式简洁、轻便、舒适。为了增添休闲气氛，服装造型要富有趣味性，可以充分发挥想象力，使造型结构富于变化、活泼诙谐。服装轮廓往往用几何形和仿生造型法进行设计。服装结构常使用拼接法、分割法以及领、袋、袖等零部件的装饰法予以变化，从而加强情趣和美感。休闲装设计应当选择耐洗、吸湿性强的面料进行制作。面料的色彩与图案需要和活泼、轻松的悠闲气氛相协调，往往采用大胆、鲜艳、明亮的原色系色彩。

（二）童装图案设计

通常童装图案设计的特征突出表现为有趣味、美好、活力以及希望。图案往往来源于风景、海洋动物、贝壳鱼虫、花草水果、几何形、卡通人物、生活标识、植物以及动物玩具等与儿童生活相关的符号和形象内容，以中、大型纹样为好。通常装饰在领口、袖口、底摆与前胸、后背处。防止孩子在运动、生活中发生不必要的牵拉、刮蹭等安全隐患，童装图案通常采用数码喷印花、发泡胶、胶浆、花边、亮片绣、材质拼接等工艺的综合来完成。

第二节　家用纺织品图案与色彩的设计应用

色彩与图案是不可分割的。图案需依附于色彩显现，丰富的图案才能更好地将色彩效果呈现出来。色彩和图案设计是家用纺织品设计的重要元素，是纺织品外在的表现形式，其设计是否成功，直接关系到它与室内环境的协调和创新程度，因此，对其研究有着重要的现实意义。

一、家用纺织品图案和色彩的关系

家用纺织品图案设计和色彩配置是相辅相成的。在进行纺织品配色之前，需要完全掌握图案的特点，在配色的过程中要保持和充分发挥图案的风格，并可以运用色彩弥补图案的不足之处。

（一）色彩和图案题材、风格之间的关系

无论什么类型的图案均依附于它的内容而形成各种不同的风格，配色在各个不同的题材风格上创作出各种生动的色调。例如，生动活泼的写意花卉适合与明快、优雅的浅色调搭配；灵活多变的装饰图案花能够和多种色调搭配；细丝大菊花适合与黑白、红白色搭配，以使花瓣清晰明朗；抽象图案的配色可以和梦幻色彩相搭配。再如中国民族风格图案的配色，应当在传统配色的基础上有所发展，采用浓郁对比法，比如红色调适合用大红、枣红，不适合用浅玫瑰红、西洋红；绿色适合用墨绿、棉绿，不适合用草绿、鲜绿；蓝色适合用虹蓝、宝蓝，不适合用皎月、湖蓝等。总而言之，鲜艳度要高，色感要庄重。通常而言，粉红、浅蓝、浅绿、浅紫等色调，能够使人轻松，有一种活泼的感觉，黄色调会使人感受到温暖、亲切，大红色可以产生热烈、欢快的气氛，而棕色、墨绿、藏青等色调给人以稳重、端庄、浓郁的感觉，黑、白、金、银等色另有一种高贵之感。因色彩具有各种属性，可以巧妙地配置在各种情趣的花样上。对太动荡的图案不适合再搭配大红或者大绿等欢乐色彩，适合用蓝色、紫色等冷色调和中间色调发挥出安静、稳定作用。对秀丽、纤细的图案宜配浅紫、银灰、粉红、淡蓝等色调，以增加幽雅、肃静的情调。风景图案适合用多种色调变幻。在大色调的组成中，可以蓝、绿、青、紫等组成冷色调，以红、黄、橙、咖啡色等组成暖色调。在不破坏大色调的前提下，可以适当地在冷色调中加入少量的暖色，或者在暖色调中加入少量的冷色，这样可发挥到点缀、丰富画面的作用。

（二）色彩和图案花纹处理手法的关系

如果花纹为块面处理，那么在大块面上用色的彩度和明度不应当太高，而在小块面上应该用点缀色，也就是鲜艳度及明度比较高的色彩，可以起到醒目的作用。根据色彩学概念，同面积的暖色比冷色感觉大，这是因为色彩的膨胀感而造成的错觉。在绸缎配色时也可结合具体花纹运用，比如，在暖色调为主的绸面上，对大块面花纹配暖色，尽管暖色有膨胀感，不过由于受其周围暖色的协调作用，也就不显其大了；若在中性地色（黑、白、灰）上想要使花纹丰满，那么大块面花纹上也应当用暖色。

如果花纹为点、线处理，同时点子花是附属于地纹的，那么其色彩应当接近地色；若点子花是主花，那么由于点子面积小而又要醒目，适合与

鲜艳度、明度高的色彩搭配。

若图案以线条为主，由于线条面积小，用色适合鲜艳度高、明度高的色彩。当图案上的线条呈密集排列的时候，这时线条的色彩在画面上起主导作用，如果线条是浅色，那么图案也与浅色相配；反之，如果线条是深色，那么图案也与深色相配。花纹上包边线条的色彩，适合取花、地两色的中间色，以求色的衔接协调。

就光影处理的花朵而言，光影色要鲜艳。比如，在白色上渲染大红，在泥金上渲染枣红或者在白色上渲染宝石蓝等。总而言之，要想使光影效果更好，那么两色的色度相距就要大一些。

（三）色彩和图案结构布局的关系

如果设计图案的面积大小恰当、层次分明、布局均匀、宾主协调，那么配色不仅要保持原来优点，还要进一步烘托，使花地分明，画面更加完整。反之，如果图案布局不均、结构不严、花纹零乱，那么配色时就要进行弥补，通常适合用调和处理法，也就是适当减弱鲜艳度及明度，采用邻近的色相及明度，使各种色调和起来，借以减弱花样的零乱感。色彩配置时，也应当减弱鲜艳度及明度，从而掩盖花纹档子。

二、家具蒙罩类纺织品的造型设计

家具蒙罩类纺织品指的是覆盖于室内家具、电器等物件上的织物饰品，是具有保洁、防尘以及装饰双重作用的纺织品，包括对沙发、椅子、家电、凳子以及床头软靠等的包覆。家具蒙罩类织物的艺术特性涉及室内陈列和家具造型两个方面：一方面是织物的质地、色彩应当和室内整体装饰相协调，同时还要与墙面、窗帘、地面、床品以及餐桌布艺等协调搭配；另一方面是织物要反映家具本身的整体审美要求，比如，传统中式家具的蒙罩织物色彩应当选择古色古香的色调，纹样也尽可能采用具有传统中国特色的纹样，织物选择素缎、织锦缎为宜。

家具蒙罩类纺织品的整体色调需结合不同室内装饰风格、家具功能状态和空间布局，进行深浅、明暗、灰艳的合理搭配。图案设计必须要有确定的主题意象，整体感强，可以是紧密的排列，也可以是散点的排列，色调统一且富有变化，表现手法适合单纯概括，题材内容有写实或者装饰性花卉、条格几何和花卉的组合等。图案的选择必须和壁纸、地毯、窗帘图案有一定的联系，和室内的其他纺织品之间有变化的统一（图5-2-1）。

图5-2-1 家具蒙罩类纺织品

三、餐厨类纺织品的造型设计

餐厨类纺织品指的是适用于餐厅和厨房内的纺织品。餐厅用的纺织品常用的有杯垫、餐桌布、餐巾、方巾、纸巾盒套、餐具存放袋以及果物篮等。这类纺织品可以营造出良好的就餐氛围，不仅可以装饰餐桌，还具有实用性，在设计的时候，应当充分强调其装饰性及实用性，设计师可根据餐桌的形状及大小来充分发挥想象力，进而完成设计。

餐厨类纺织品的图案与色彩的选择需要结合整个室内环境，在特定的餐厅环境中，可以营造出让人舒适的用餐氛围。图案可以选择和窗帘、壁纸相搭配的方案，通常使用的色调搭配和谐即可。厨房用的家用纺织品通常作为点缀性的物件，在色调上可与厨房的整体风格进行比较，增添厨房的趣味性。

四、卫浴类纺织品的造型设计

因现代生活品质的不断改善，浴室不仅空间变大了，而且除了满足基本的洗漱和沐浴功能外，还充实各种具有舒适、美观以及实用的纺织品。如各种巾类、浴帽、浴衣、浴鞋、地垫、浴帘等，这些装饰造型使浴室更加温馨，使洗浴更加有情调。除此之外，在浴室内的器具上用配套的纺织品作为装饰，能够让浴室更加整洁、协调。

（一）面料的选择

卫生间和沐浴用纺织品以巾类织物为主，织物必须具有良好的柔软性、舒适性、吸湿性、保暖性等。通常都会采用棉纤维制成各种纺织品，浴帘作为淋浴区域起到一定遮蔽功能的物件，通常选用塑料制品。

（二）图案和色彩设计

卫生间、浴室这样比较私密的室内环境，装饰的时候需要注重实用性，考虑到卫生用品及装饰的整体效果，卫浴用纺织品色调的选择并不受其他因素的限制，只要色泽干净、色调宜人即可。

粉色系或者一些中性色是浴室中理想的色调，装饰物和毛巾等配件可以选择强烈的对比色系。图案可选择几何图案或者花卉图案。通常可以将浴巾、面巾以及方巾系列的图案设计进行配套设计，从而具有比较整体的效果。

五、地面铺设类纺织品的造型设计

地面铺设类纺织品主要包括两类：地毯和地垫，可以用于如客厅、儿童房、玄关等多种室内环境，起到吸音、保温、行走舒适和装饰作用。

地毯在室内空间中所占面积比较大，直接决定了居室装饰风格的基调。地毯的铺设应当结合室内陈列艺术的整体结构来设计，包括纹样和色彩之间的协调性，还有与整体环境的联系。地垫的使用在居室环境中仅占小部分，只对门和厅进行点缀。

在家居装饰中，地毯是不可或缺的一种装饰材料，不仅具有悠久的历史，而且也是世界通用的材料。地毯的铺设，能够让室内具有高贵、华丽、赏心悦目的氛围。针对空间布局来说，铺设地毯能够使常规空间的单调感消除，产生小中促大，大中促小，创造象征性空间的效应，发挥出分割和调节室内空间的作用。地毯以其独具匠心的构图、柔和绚丽的色彩、华丽典雅的纹样以及特有的肌理感受在调节居室气氛中起到了关键的作用，兼具实用性和观赏性。

（一）地毯材质的选择

由于地毯具有质地丰满、外观华美的优点，所以铺设后可以有非常好的装饰效果，通常选用的材质需有良好的抗污、耐洗、经用的特点。

（二）图案与色彩设计

由于地毯所选用的材质和织造方法不同，色彩与图案的风格也有所区别。总体来看，通常可以分成传统风格与现代风格两类。传统风格的地毯多以用羊毛为原材料手工编织方式来制作，色彩和图案具有富丽华贵、典雅精致的特点；现代风格地毯的铺设和特定的室内装饰风格相互呼应，多与现代建筑空间、现代人生活方式与审美情趣形成有机结合。例如，几何纹样的组合，图案设计概括、简练、自由，并且具有抽象意味，和现代室内风格相协调。

六、窗帘类纺织品的造型设计

就室内装饰来说，现代居室的窗帘在设计造型上丰富多彩，作为家庭陈列设计中的重要组成部分，窗帘的设计不只具有遮挡光线与保温的作用，而且具有美化环境的功能。不仅能够协调居室内的色彩搭配，还可以柔化室内空间造型的线条，软化空间，还可以通过多变的形式、优美的图案、协调的色彩来烘托气氛，使室内设计风格更为鲜明。

窗帘图案题材非常丰富，例如，常用的题材有几何图案、花卉图案、动物、人物、风景以及各种民间图案。窗帘随着功能的开启、褶皱的变化，图案亦隐亦现，具有富于变化的视觉效果，所以窗帘的图案需简洁明快，常见的有纵向和横向的纹样排列，纵向条形排列使室内有升高感，横向条形排列使室内有扩展感，上虚下实的排列有沉重稳定感，错落有致的散点排列有灵活感，动感线条的排列有洒脱生动感，严谨稳定的框架排列有秩序感。内外窗帘面料通常采用相似的图案搭配，显得协调统一。

七、装饰陈列类纺织品的造型设计

装饰陈列纺织品指的是运用纺织品柔软、随和的材质特性，根据需要选择不同的装饰手法塑造出各种用于装饰室内的陈设造型。装饰陈列类纺织品具有较强的艺术表现性，如装饰抱枕、靠垫、装饰屏风、织物壁挂、手工印染品、悬挂于顶棚的纺织品等。这类纺织品由于特有色泽、肌理和构造而装饰空间，产生特殊的视觉美感。

（一）抱枕类设计

抱枕在居室装饰环境中具有点睛之笔，有些时候甚至可以成为家居装饰的视觉焦点。在居家布置中需像插花手法一样，"点、线、面、块"都要全面考虑到，而抱枕就是其中的"点"。抱枕是升级居家品位的好方法，除了满足个人坐或者靠的功能性需求以外，它在装饰美学上的重要性也是非常关键的。抱枕的材质、颜色以及摆放的方法都会影响室内整体风格，随着季节的变化来更换抱枕的花色和样式，还能增添生活情趣。

抱枕体积比较小，在图案、色彩的选择上通常和大面积的沙发或者地毯等织物形成对比关系。例如，图案花哨的沙发与素雅的靠垫搭配、素雅的沙发与花纹明显的靠垫搭配、灰色调的沙发与色彩较为鲜艳的抱枕搭配。如果沙发与抱枕是同色，那么就要突出材质的对比。

（二）布艺玩具设计

玩具品种丰富，在社会生活中具有特殊的作用。可以说，玩具是记载各时代和各地域生活艺术的活化石，具有许多"主流""传统"艺术所不具备的社会价值及艺术价值，是人类共同的物质和精神财富。例如，按照十二生肖设计的生肖玩具，《三国演义》中的张飞、关羽等形象。民间传说、神话故事、民俗风情均为玩具设计的灵感源泉。

此外，布艺玩具设计还具有材料运用多样化的特点，通常不拘于传统的棉质面料，各种材质和工艺均可以在现代布艺玩具设计中应用。

（三）装饰挂件类设计

装饰挂件类纺织品有编织壁挂、蜡染壁挂以及印染壁挂等。编织壁挂也叫挂毯，是一种室内壁面装饰用工艺美术织品，分为编结壁挂与编织壁挂两类。制作原料为羊毛或者膨体腈纶等，生产方法和地毯相似，包括簇绒、人工编织或者机织等方法；图案取材非常丰富，题材有山水、花卉、鸟兽、人物、建筑、风光等，可以通过国画、油画、装饰画、摄影等艺术形式来表现。而蜡染壁挂及印染壁挂则是我国传统的纺织工艺装饰挂件。

八、家用纺织品配套设计的设计形式

家用纺织品配套设计指的是根据家居环境的要求，将相同或者不同的纺织品设计为具有一定内在联系的成整体系列、配套化，并具有一定设计形式的家用纺织品。从视觉心理与美学观点来看，配套设计的形式可以使室内纺织品产生视觉上的秩序感、连贯性，使室内具有和谐美。在家用纺织品配套设计中，设计师需要根据内容的不同，灵活运用形式美法则，在形式美中反映出创造性特点。如今，家用纺织品配套设计的常用形式包括利用款式进行配套设计、利用图案进行配套设计以及利用色彩进行配套设计等。

（一）利用款式进行配套设计

家用纺织品的造型款式指的是运用缝纫工艺手法加上填充工艺，将纺织品根据室内特定的功能与装饰要求进行的外观形态设计。因纺织品的质地柔软，在设计时可以尽情发挥设计创意，并且可以塑造出具有一定审美意义的空间形态。不管是在形态上还是在色彩和纹样设计都和室内环境相辅相成，营造独具特色的装饰情调和文化品位。所以，家用纺织品的造型款式设计有着非常重要的作用。就像服装的款式，利用款式进行配套设计也需以人为本，根据材质、室内环境、时代而变。在款式和造型上应当具有与时俱进的风格及流行时尚，不过整体的设计宗旨还应是以实用、美观、舒适为主。

（二）利用图案进行配套设计

图案能够使家用纺织品产生无穷无尽的艺术魅力，起到装饰、强化、提醒以及引导视线的作用，形成视觉焦点。

家用纺织品图案的设计形式可以分为两类：一类是单独式纹样，另一类是连续式纹样。

（1）单独式纹样：是形体完整可以独立运用于装饰的纹样，主要有自由式纹样和适合纹样两种形式。自由式纹样因形体不受外形轮廓的约束，具有自由、活泼以及易造型等特点。在家用纺织品配套设计中在靠垫、地毯、桌布、枕套上广泛应用。而适合纹样指的是在某一特定的形状内配置的纹样，纹样必须和外轮廓相吻合，例如，根据家用纺织饰品的圆形、三角形、方形、长方形以及椭圆形等外形设计的纹样。适合纹样比较适合客厅类和餐厨类等家用纺织品。

（2）连续式纹样：是把单位纹样按照一定的格式有规律地重复排列而成的纹样，有着非常强烈的节奏感、韵律感。包括二方连续纹样和四方连续纹样两种形式。二方连续纹样在家用纺织品中也被称作花边纹样，往往应用于边饰，如桌布、床单等的下摆处。四方连续纹样是把一个或者两个单位纹样向上、下、左、右四个方向有规律地重复排列，能够无限扩展的纹样，构成形式包括散点、连缀以及重叠等。

随着人们审美意识提高，装饰家居更多地注重个性体现，在一个总的流行趋势前提下，图案素材和表现手法的独特，成为满足人们追求居家个性的有效途径。以图案生动的造型与款式、材料、色彩以及工艺的协调突出设计主题，让情和景、意和境相互交融，使形象更加鲜明、生动，产生强烈的感染力。图案以家用纺织品为载体，对其进行装饰，从而体现出美感，有着从属性。图案素材的选择、装饰的部位以及表现手法都要取决于家用纺织品整体设计形式和材质，选用同一图案以不同排列方式随着室内物件形态的变化，或连续成条状，或聚集成块面，或点状成放射，营造出和谐、秩序而又具有动感的空间形式美。

除此之外，在选择同一类图案的时候，可以采用不同色彩、工艺、材质来搭配；也可以选择同一类图案与其相呼应的色布进行搭配，在统一中注重细节的变化。

（三）利用色彩进行配套设计

色调为色相、纯度、明度的和谐组合，不同色调的色彩组合会产生色彩的浓艳和淡雅、明快和朦胧等变化的色彩氛围。例如，带黄光的红色与金色组合再掺入有金属感的色彩，可以搭配出一种辉煌的意境；紫色作为蓝和红的中间色，相互协调可以平添富贵韵味；白色和浅灰组合并掺入明亮的色彩，会产生舒适协调的色彩效应；互补色与对比色的运用，通常可以打破呆板，起到画龙点睛的作用。

色彩也是家用纺织品设计的重要元素。在进行色彩配套设计时，可以采用同类色进行整体的色调变化，或者采用对比色变换整体色调的使用比例来达到装饰效果。色彩设计的好坏和搭配的合理与否直接影响家用纺织品的整体视觉效果。

同类色的家用纺织品配套设计可以营造整体的室内氛围，还可以给人带来整体的视觉效果。类似色调的特征在于色调和色调间微小的差异，不管家用纺织品的品种、材质、工艺相同与否，采用相近或类似的调和色彩，再结合室内装饰的色调，便可以赋予室内空间丰富多样的格调。壁纸、窗帘、地毯以及床上用品的色调结合室内家具的色彩，就能够确定居室的主色调。主色调要避免色彩对比强烈、复杂。从原则上讲，色彩的运用通常以明度和色相的递进来创造和谐、融洽以及稳定的室内氛围。

将相隔比较远的两个或者两个以上的色调相搭配的配色叫作对比色调搭配。对比色调由于色彩的特性差异，导致鲜明的视觉对比，有一种相映或者相拒的力量使之平衡，所以产生对比调和感。若要打破居室空间的单一氛围，运用对比色能够制造出活泼、生动的居室氛围。不过在使用对比色进行家用纺织品配套设计时，需要注意色调之间的比例关系和使用面积大小的关系。

参考文献

[1]陈瑞年. 色彩设计[M]. 重庆：西南师范大学出版社，2001.

[2]崔唯，肖彬. 纺织品艺术设计[M]. 北京：中国纺织出版社，2004.

[3]杜群. 家用纺织品织物设计与应用[M]. 北京：中国纺织出版社，2009.

[4]段建华. 民间染织[M]. 北京：中国轻工业出版社，2005.

[5]龚建培. 现代家用纺织品的设计与开发[M]. 北京：中纺音像出版社，2004.

[6]贺景卫，黄莹. 电脑时装画[M]. 长沙：湖南美术出版社，2010.

[7]华梅. 西方服装史[M]. 北京：中国纺织出版社，2003.

[8]黄国松. 染织图案设计[M]. 上海：上海人民美术出版社，2005.

[9]姜淑媛. 家用纺织品设计与市场开发[M]. 北京：中国纺织出版社，2007.

[10]荆妙蕾. 纺织品色彩设计[M]. 北京：中国纺织出版社，2004.

[11]李波. 家用纺织品艺术设计[M]. 北京：中国纺织出版社，2012.

[12]李当岐. 西洋服装史[M]. 北京：高等教育出版社，2007.

[13]廖军. 图案设计[M]. 沈阳：辽宁美术出版社，2007.

[14]潘文治，高波，李中元. 印花设计[M]. 武汉：湖北美术出版社，2006.

[15]柴万里. 图案设计[M]. 南宁：广西美术出版社，2005.

[16]沈干. 纺织品设计实用技术[M]. 上海：东华大学出版社，2009.

[17]史启新. 装饰图案[M]. 合肥：安徽美术出版社，2003.

[18]孙建国. 纺织品图案设计赏析[M]. 北京：化学工业出版社，2013.

[19]孙雯. 服饰图案[M]. 北京：中国纺织出版社，2000.

[20]唐宇冰，汤橡. 家用纺织品配套设计[M]. 北京：北京大学出版社，2016.

[21]汪芳. 染织图案设计教程[M]. 上海：东华大学出版社，2008.

[22]王福文，牟云生. 家用纺织品图案设计与应用[M]. 北京：中国纺

织出版社，2008.

[23]王可君．装饰图案设计[M]．长沙：湖南美术出版社，2002.

[24]徐百佳．纺织品图案设计[M]．北京：中国纺织出版社，2009.

[25]徐雯．服饰图案[M]．2版．北京：中国纺织出版社，2013.

[26]张建辉，王福文．家用纺织品图案设计与应用[M]．北京：中国纺织出版社，2015.

[27]张平青，周天胜，王洋．室内环境中家用纺织品色彩与图案设计新论[M]．北京：中国纺织出版社，2018.

[28]张如画．四大变化设计技法图例：动物与人物：上[M]．长春：吉林美术出版社，2004.

[29]张艳荣，罗峥．服装美术基础[M]．北京：化学工业出版社，2007.

[30]郑军，白展展．服饰图案设计与应用[M]．北京：化学工业出版社，2018.

[31]郑军，刘沙予．服装色彩[M]．北京：化学工业出版社，2007.

[32]周慧．纺织品图案设计与应用[M]．北京：化学工业出版社，2019.

[33]周建国．色彩设计[M]．北京：龙门书局，2013.

[34]周李钧．现代绣花图案设计[M]．北京：中国纺织出版社，2008.

[35]陈新凯．浅析传统文化元素在现代纺织品图案设计中的应用[J]．工业设计，2018（8）：109-110.

[36]何苗．中国纺织品图案艺术设计的探讨[J]．智库时代，2017（10）：224-226.

[37]蒋超．传统文化在现代纺织品图案设计中的应用[J]．艺术教育，2008（10）：120.

[38]李红月．论中国纺织品图案艺术设计[J]．艺海，2012（7）：102.

[39]尚云，林竟路．探析纺织品中花卉印花图案的表达手法[J]．现代装饰（理论），2015（1）：192.

[40]宋婧媛，王毓琦，姚思点，等．图案设计在现代纺织品中的应用研究[J]．成都纺织高等专科学校学报，2016，33（1）：186-189.

[41]张伟．吉祥图案在家居纺织品图案设计中的应用[J]．天津纺织科技，2015（4）：27-28.